主　编　杨海军
副主编　谭邦应　邹维绪
主　审　禹　诚

中等职业教育国家级
示范学校特色教材

机械加工基础

教学做一体化教程

華中科技大學出版社
http://www.hustp.com
中国·武汉

内 容 简 介

“机械加工基础”是机械加工专业的专业基础课，本书是按照国家级示范中职学校创建改革理念进行了学科整合后的一门大课程的教材，涵盖了机械基础、公差与配合、钳工、车工基础、铣工基础、机械识图等知识，以钳工技能训练为主，融合各科知识，使学生在训练过程中，遵循由浅入深、由简单到复杂的规律，将钳工各项操作内容灵活运用到钳工制作的一般过程中去，有效解决了学生学、做分离的问题，培养了学生的创新精神。

本书适合作为中等职业学校机械制造专业及其相关专业的教学、实训用书，也可作为机械行业从业人员的培训指导用书。

图书在版编目(CIP)数据

机械加工基础 教学做一体化教程/杨海军 主编.—武汉:华中科技大学出版社,2013.8
中等职业教育国家级示范学校特色教材
ISBN 978-7-5609-9296-9

Ⅰ.①机… Ⅱ.①杨… Ⅲ.①机械加工-工艺-中等专业学校-教材 Ⅳ.①TG506

中国版本图书馆 CIP 数据核字(2013)第 193533 号

机械加工基础 教学做一体化教程 杨海军 主编

策划编辑：王红梅
责任编辑：王红梅
封面设计：三 禾
责任校对：朱 霞
责任监印：周治超
出版发行：华中科技大学出版社(中国·武汉)
武昌喻家山 邮编:430074 电话:(027)81321915
录 排：武汉楷轩图文
印 刷：华中理工大学印刷厂
开 本：787mm×1092mm 1/16
印 张：12.25
字 数：320 千字
版 次：2013 年 8 月第 1 版第 1 次印刷
定 价：25.80 元

序言

“课难上，生难管”，这是中等职业学校面临的共同难题。究其原因，其中很重要的因素在于现行的中职教育教学目标过高，教材难度较大，学科化味道较浓，与企业对相应岗位的要求差距较大，与学生的学习水平不符。因此，创新职业教育教学模式和课程、教材体系，推进教学改革和教材建设，已成为摆在职业教育工作者面前的一项紧迫而又艰巨的任务。

湖北省秭归县职业教育中心以创建“中等职业教育改革发展国家级示范学校”为契机，围绕党的十八大提出的“加快发展现代职业教育”的宏伟战略目标，立足学生实际，着眼学生发展，强力推进课程改革，精心组织、编写了一批满足当地经济社会发展要求、反映本校教学特色和教学改革创新成果的教材。

这套教材的编写体现了这样的思路：符合学生认知规律和技能养成规律，体现以能力为本位、以应用为主线的教学设计要求。推行“大课程”制，将相近或相关学科整合成一门学科，避免相近学科知识传授的重复，实现模块化教学管理。在专业课程的理论知识方面，注重常识、流程、操作规范等的教学，减少在原理上的纠缠，不要求学科体系上的完美；在技能操作方面注重适应企业对岗位的要求。文化素养类的课程注重服务学生的终身发展、服从学生的专业成长。

阅读完部分书稿，我欣喜地发现本套教材具备如下特点。

第一，做到“教本、教案、学案”三位一体。为了把课程体系改革效益最大化，独创了教学工作页。工作页集教材、教案、学案于一身，基于学习和工作流程设计，能引导学生自主学习，保持学生的学习热情，提高教师的备课效率。这一设计以人为本，减轻了师生负担。

第二，做到“教、学、做”一体化。理论与实践相结合，教师边教边做，学生手脑并用，在学中做，在做中学，体现了“教、学、做合一”的教育思想，突出了教师的主导作用与学生的主体地位。

第三，体现“够用、实用、适用”的编写思想。坚持职业教育改革的发展方向，反映了编撰者较高的现代教育理论修养和创新精神。体系简洁，活泼自然。在教学内容上注重学生的学力水平，力求引进新工艺、新技术、新材料，吸引学生回归课堂，积极参与教学活动。

第四，坚持“教得了、用得着、学得会”的原则。坚持理论够用、技能实用，采用“归、并、删、降、加”的办法进行整合处理，内容贴近学生实际生活及职场需求，安排符合逻辑，不仅有利于教师组织教学，也方便学生自学，操作性强，达到了精选内容、把教材变薄的效果。

“职业教育是一项事业，事业的意义在于奉献；职业教育是一门科学，科学的价值在于求真；职业教育是一门艺术，艺术的活力在于创新。”秭归县职业教育中心的老师们勇于实践、大胆创新，群策群力，用心血、智慧编撰的这套教材，传递了职业教育教学改革的正能量，对于改变宜昌市中等职业教育教学现状、深入推进宜昌市中等职业教育教学改革创新，将起到良好的示范、引领、带动作用。

石希峰

2013 年 7 月

前言

“机械加工基础”是我校机械加工专业普通机床加工方向和数控机床加工方向的专业基础课，是按照我校示范中职学校创建改革理念进行了学科整合后的一门大课程，涵盖了机械基础、公差与配合、钳工、车工基础、铣工基础、机械识图等知识。本书主要配合葛金印主编的《机械制造技术基础》，杨士伟主编的《机械基础与实训》等教材使用，教师在教学过程中也可参照其他类似教材开展教学工作。

本课程主要运用理实一体化教学模式和项目化教学模式开展教学，以钳工技能训练为主，配合上述分科教材，融合各科知识，采用“我会操作”、“我会制作”、“我会创作”三个模块安排教学。其中，“我会操作”模块包括凸台、角度样板和六角螺母等的制作，“我会制作”模块包括小锤子、小钳台的制作，“我会创作”模块包括曲柄滑块机构的创作和自由创作。使学生在训练过程中，遵循由浅入深、由简单到复杂的循序渐进的规律，能将钳工各项操作内容灵活运用到钳工制作的一般过程中去，有效解决了学生学、做分离的问题，培养了学生的创新精神。

本书融教案、学案、训练于一体，教师可以按需填写教学内容作为教案。在侧记一栏教师可以书写注意事项、教学感想、教学补充内容及教学后记，学生也可以在此栏中补充所学知识。在实训零件图中，编者没有一一标注几何公差和表面粗糙度要求，建议教师根据学生学习情况在训练图中标注合适的几何公差及表面粗糙度要求，以增加学生的训练难度。学生利用此书作为自己的学习和技能训练指导书，一书多用，方便教学。

本书项目七在编排时，编者只编写前部分内容，特意留下后续制作内容作为学生学习完本课程后的课程设计，要求由学生在教师的指导下完成后续的编写，以进一步发散学生的思维，培养学生的创新精神。

该课程按照人才培养方案计划，用两学期完成，共30周，每周8课时。

项　目	学　时	项　目	学　时
项目一	32	项目五	40
项目二	32	项目六	40
项目三	32	项目七	32
项目四	32		

本书由秭归县职教中心杨海军担任主编，编写项目一、项目四、项目五、项目六、项目七，并对全书进行统稿设计；秭归县职教中心谭邦应编写项目二；秭归县职教中心邹维绪编写项目三。

华中科技大学出版社聘请武汉市第二轻工业学校禹诚老师审阅了本教程，并提出了许多宝贵的指导性意见和建议；在编写过程中，还得到了秭归县职教中心杜军、谢超、张建国等老师的帮助，得到了学校合作企业专家的帮助，在此一并表示感谢。

由于编者的学术水平有限，编写时间匆忙，不足之处恳请专家及读者批评指正。

编　者

2013年5月

目 录

项目一

凸台的锯削加工

项目描述

通过凸台的锯削加工，使学生走近钳工加工，了解钳工加工的基本方法，掌握划线和锯削的操作。

学习目标

(1)学会划线操作；

(2)掌握锯削操作方法；

(3)了解7S管理办法，培养学生严谨的工作态度。

任务一 专项锯削训练

任务目的

(1)认识常见的划线工具,掌握划线的方法。

(2)学会在材料上合理布置划线,理解节约原材料的意义。

(3)掌握锯削工具的使用方法,学会正确使用锯削工具。

(4)了解机械加工对环境的影响。

任务实施

第一步:我会看图

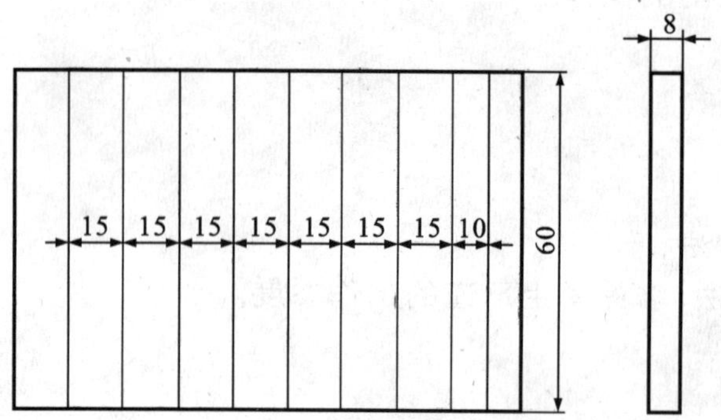

名称	材料	比例	数量
锯削训练件	Q235	1∶1	1

图 1-1 锯削训练件图样

分析图 1-1 所示的图样,把握加工尺寸。

对锯削训练件的结构认识:

(1)看标题栏:了解锯削训练件的材料是________,比例为________。

(2)分析视图:了解锯削训练件的要求。

(3)分析尺寸和技术要求。

第二步:我会准备

一、加工所需工量具及材料

(1)工具:________________________。

(2)量具:________________________。

(3)材料:________________________。

二、认识钳工

(1)在图 1-2 中,老师用图片列举了钳工加工的实例,将对应的基本操作名称填在图片的下方。

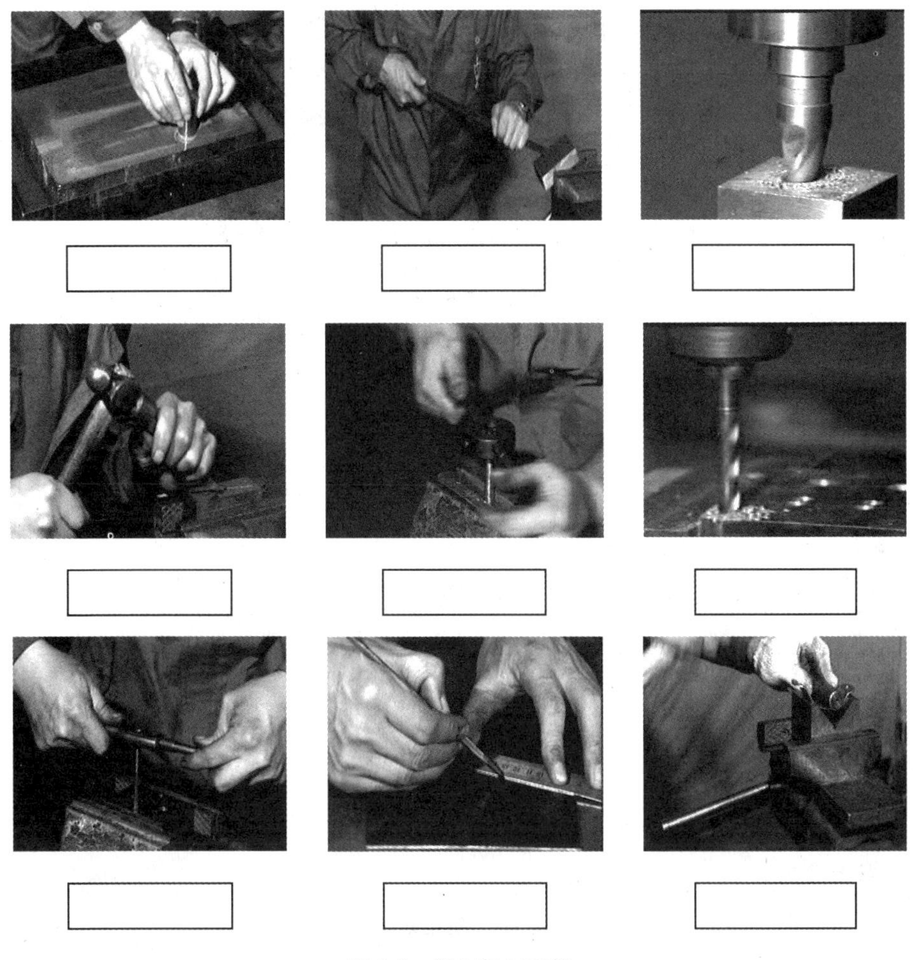

图 1-2　钳工加工实例

(2)安全操作。实训操作，安全为重。在机械加工中，要利用各种工具和机械设备进行操作，稍不留神，就会因为不当的操作给人身和机械设备的安全带来危险，所以一定要牢记钳工操作的安全知识，时刻绷紧安全这根弦。通过和老师一起学习这些安全知识，了解安全操作的重要性，把自己学到的安全知识写在下面方框中。

(3)7S 现场管理。图 1-3 所示的是工厂宣传栏里的 7S 现场管理宣传挂图，谈谈这样坚持的好处是什么？

推行7S管理　塑企业一流形象

7S管理理念即：
整理——腾出更大空间
整顿——提高工作效率
清扫——扫走旧观念，扫出新天地
清洁——拥有清爽的工作环境
素养——塑造人的品质，建立管理根基
安全——清除隐患，排除险情，预防事故
节约——合理利用资源，发挥最大效能

图 1-3　7S 管理

教师讲解本次操作中所用工具的作用，并演示工具的使用方法。

三、钳工操作训练

1. 锯弓和锯条

(1)手锯由______和______两部分构成，有______和______两种。由表 1-1 所示可知，锯削钢类等中等硬度材料时一般选择锯齿数为______的锯条。

表 1-1　锯条知识

齿型	齿　宽	齿　数	锯割部位和材料
粗齿	>1.8	<14	锯割部位较厚、材料较软
中齿	1.1～1.8	14～22	锯割部位厚度适中，材料硬度适中
细齿	<1.1	>22	锯割部位较薄、材料较硬

(2)锯条的安装方法：______。

在图 1-4 中标出正确与错误的安装方法。

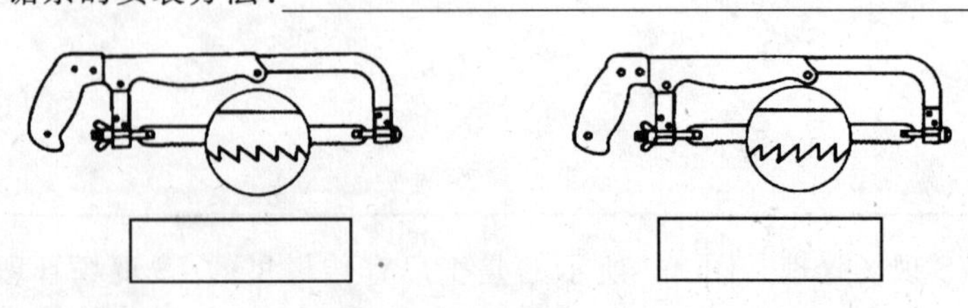

图 1-4　锯条安装方法

(3)教师演示锯削的动作要领,如图 1-5 所示。

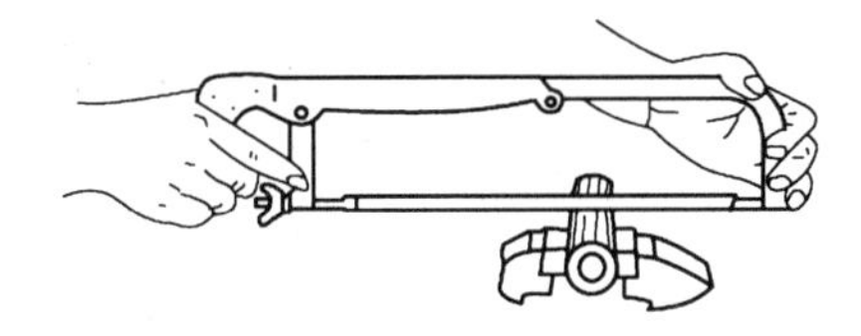

图 1-5　手锯握法

☆手锯的握法:____。

☆锯削的姿势如图 1-6 所示。

锯削要领是:

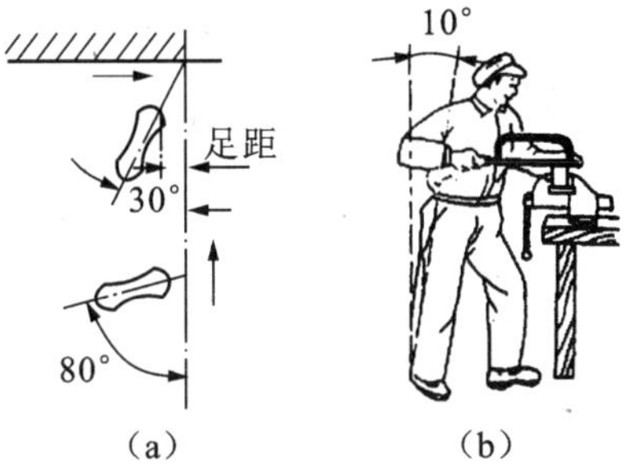

10°

足距

30°

80°

(a)　(b)

图 1-6　锯削姿势

☆施力方法:____。

☆锯削运动:____。

☆锯削速度:一般以每分钟往复__________次为宜。

☆起锯方法:起锯分为________和________两种,如图 1-7 所示。

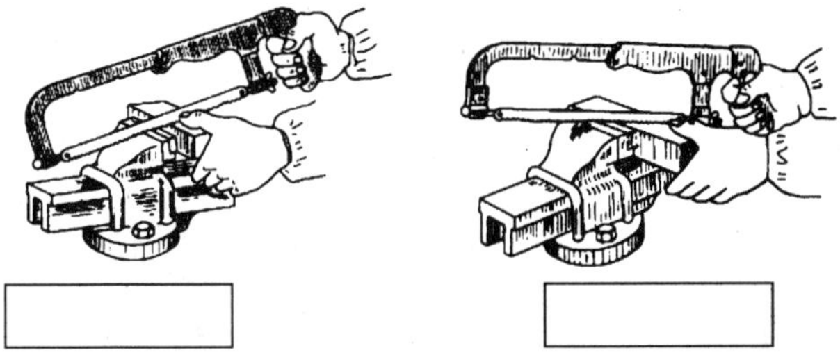

注意:锯条的往复长度不应少于____。

图 1-7　起锯方法

2. 划针和划线步骤

(1)划针的主要作用:____。

(2)把划线的一般步骤写在下面。

分析加工步骤，思考应检查哪几个方面？

四、分析加工步骤

(1)检查坯料。

(2)划线。

(3)锯削。

五、检测及评分

师生一起分析讨论，完成表1-2所示的检测评分表中的检测项目、配分及评分标准的制订。

表1-2　检测评分表

检测内容	配分	评分标准	自我检测	教师检测
锯削宽度				
锯削条数				
锯缝				
安全操作				
总　　分				
存在的主要问题				

第三步：我会操作

教师巡视，如发现问题，则针对问题及时进行个别辅导或者全班讲解、演示，进行更正。

认真进行操作训练，加工零件，并用文字或图片的形式记录下自己的操作过程，填在表1-3中。

表1-3　操作过程

步骤	主要操作内容(可以画图)	主要操作方法
划线		
锯削		

在规定时间内完成锯削训练后，先对照评分表自我检测，然后上交作品，由教师检测，进行个别讲解，得出本次操作的最后得分。

第四步：我能总结

通过本次任务的实训操作和学习，自己最大的收获是：

学生分组讨论，交流第一次操作的心得，并选部分同学在全班交流。

第五步：我想知道

拓展知识：各种工业污染物

在机械工业的生产过程中，不论是铸造、锻压等材料成形加工，还是车、铣、镗、刨、磨、钻等切削加工都会排出大量污染大气的废气、污染土壤的废水和固体废物，如含金属离子、油、漆、酸、碱和有机物的废水，含铬、汞、铅、铜、氰化物、硫化物、粉尘、有机溶剂的废气，金属屑、熔炼渣、炉渣等固体废物。同时，在加工过程中还伴随着噪声和振动。

熔炼金属时也会产生冶炼炉渣及含有重金属的蒸气和粉尘。

在材料的铸造成形加工过程中，会出现粉尘、烟尘、噪声、多种有害气体和各类辐射，在材料的塑性加工过程中，会产生噪声和振动，加热炉烟尘；清理锻件时会产生粉尘，高温锻件还会带来热辐射；在材料的焊接加工中会产生电弧辐射、高频电磁波、放射线、噪声等，电焊时焊条的外部药皮和焊剂在高温下分解而产生含较多 Fe_2O_3 和锰、氟、铜、铝的有害粉尘和气体，还会出现因电弧的紫外线辐射作用于环境空气中的氧和氮而产生 O_3、NO、NO_2 等；气焊时会因用电石制取乙炔气体而产生大量焊渣。

在金属热处理中，高温炉与高温工件会产生热辐射、烟尘和炉渣、油烟；为防止金属氧化需要在盐浴炉中加入二氧化钛、硅胶和硅钙铁等脱氧剂，也会因此而产生废渣盐；在盐浴炉及化学热处理中产生各种酸、碱、盐及有害气体和高频电场辐射等。表面渗氮时，用电炉加热，并通入氨气，存在氨气的泄露危险；表面氰化时，将金属放入加热的含有氰化钠的渗氰槽中，氰化钠有剧毒，会产生含氰气体和废水；表面氧化发黑处理时，碱洗在氢氧化钠、碳酸和磷酸三钠的混合溶液中进行，酸洗在浓盐酸、水、尿素混合溶液中进行，都将排出废酸液、废碱液和氯化钠气体。

为了改善金属制品的使用性能、外观以及防腐蚀，有的工件表面需要镀上一层金属保护膜。电镀液中除含有铬、镍、锌、铜和银等各种金属外，还要加入硫酸、氟化钠（钾）等化学药品。某些工件镀好后，还需要在铬液中钝化，再用清水漂洗。因此，电镀排出的废液中含有大量的铬、镉、锌、铜、银和硫酸根等离子。镀铬时，镀槽会产生大量铬蒸气，有氰电镀还会产生氰化钠等有毒气体。在金属表面喷漆、喷塑料、涂沥青时,有部分油漆颗粒、苯、甲苯、二甲苯、甲酚等未熔塑料残渣及沥青等被排入大气。也就是说,在电镀、涂漆中会产生酸雾及"三苯"溶剂和油漆等废气,还会产生含有氰化物、铬离子、酸、碱的水溶液和含铬、苯等的污泥。

为了去除金属材料表面的氧化物(锈蚀),常用硫酸、硝酸、盐酸等强酸进行清洗,由此产生的废液中含有酸类和其他杂质。

在常见的材料车削、铣削、刨削、磨削、镗削、钻削和拉削等机械加工工艺过程中,往往需要加入各种切削液进行冷却、润滑和冲走加工屑末。切削液中的乳化液使用一段时间后,会变质、发臭,其中大部分未经处理就直接排入下水道,甚至直接倒至地表。乳化液中不仅含有油,而且还含有烧碱、油酸皂、乙醇和苯酚等。在材料加工过程中还会产生大量金属屑和粉末等固体废物。

特种加工中的电火花加工和电解加工所采用的工作介质,在加工过程中也会产生污染环境的废液和废气。

任务二 锯削长方块

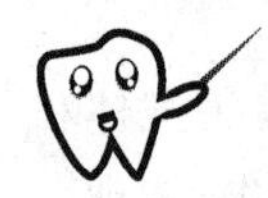

任务目的

(1)学会合理地在材料上布置划线,理解节约原材料的意义。

(2)掌握锯削工具的使用方法,学会正确使用锯削工具下料。

(3)了解现在常用的污染处理技术。

任务实施

第一步:我会看图

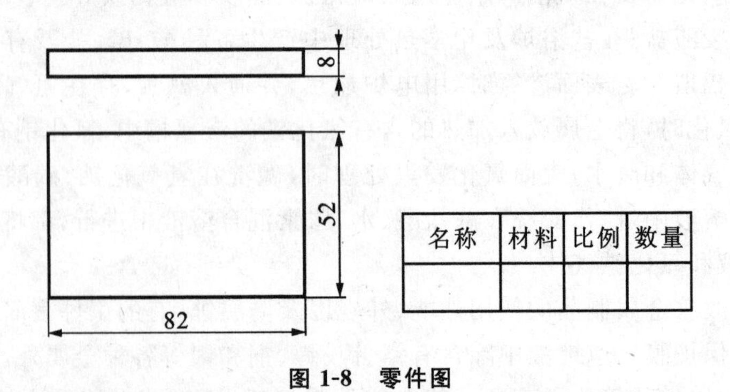

名称	材料	比例	数量

图 1-8 零件图

分析图 1-8 所示的零件图样,把握加工尺寸。

(1)看标题栏:了解长方块的材料是__________。

(2)分析视图：了解长方块的大致结构。

(3)分析尺寸和技术要求，如表 1-4 所示。

对长方块的结构认识：

表 1-4 尺寸及含义

项目	代　号	含　　义	说　　明
尺寸公差			

第二步：我会准备

一、加工所需工量具及材料

(1)工具：________________。

(2)量具：________________。

(3)材料：________________。

二、分析加工步骤

(1)检查坯料。

(2)划线。

(3)锯削。

师生一起分析本零件的加工步骤。

三、检测及评分

师生一起分析讨论，完成表 1-5 所示的检测评分表中检测项目、配分及评分标准的制订。

表 1-5 检测评分表

检测内容	配分	评 分 标 准	自我检测	教师检测
总　　分				
存在的主要问题				

第三步：我会操作

教师巡视，如发现问题，针对问题及时进行个别辅导或者全班讲解、演示，进行更正。

认真进行操作训练，加工零件，并用文字或图片的形式记录下自己的操作过程，填在表1-6中。

表1-6 操作过程

步骤	主要操作内容(可以画图)	主要操作方法
划线		
锯削		

在规定时间内完成锯削训练后，先对照评分表自我检测，然后上交作品，由教师检测，进行个别讲解，得出本次操作的最后得分。

第四步：我能总结

学生分组讨论，交流操作心得，并选部分同学在全班交流。

通过本次任务的实训操作和学习，自己最大的收获是：

第五步：我想知道

环保知识：常用的污染处理技术

1. 废气处理方法

常规的处理技术如吸收和催化、转化对二氧化硫，一氧化碳，氧化氮等废气的处理是十分有效的。采用高效的溶剂、催化剂和合理的工艺流程将会提高三废处理的经济效益。美国在1989～1998的十年中，废气脱除的费用比预期的指标下降了39%。

挥发性有机气体(VOC)的处理过程更复杂。这是因为不同废弃物中所含的有机物的性质和浓度有很大的差别。

在活性炭吸附装置中，采用热气流再生是人们熟悉的方法。在此过程中，被VOC饱和的活性炭通过加热的方法进行脱附和再生。此外，减压或加压脱附也是常用的再生方法。有一种可连续生产的旋转式吸附床，适用于大流量废气的处理。经浓缩的挥发性有机物可通过焚烧回收热量，也可用冷冻的方法予以回收。

2. 废水的处理

废水的处理有很多方法，如中和、絮凝、破乳、沉降、蒸馏、萃取、化学反应、离子交换、生物处理，等等。这些技术被用于污水的清洁和污水中有用成分的回收。

工业废水处理方法按其作用可分为四大类，即物理处理法、化学处理法、物理化学处理法和生物处理法。

(1)物理处理法，通过物理作用，以分离、回收废水中不溶解的呈悬浮状态的污染物质(包括油膜和油珠)。常用的有重力分离法、离心分离法、过滤法等。

(2)化学处理法，向污水中投加某种化学物质，利用化学反应来分离、回收污水中的污染物质。常用的有化学沉淀法、混凝法、中和法、氧化还原法(包括电解)等。

(3)物理化学处理法，利用物理化学作用去除废水中的污染物质。主要有吸附法、离子交换法、膜分离法、萃取法等。

(4)生物处理法，通过微生物的代谢作用，使废水中呈溶液、胶体以及微细悬浮状态的有机性污染物质转化为稳定、无害的物质。可分为好氧生物处理法和厌氧生物处理法。

3. 废渣的处理

工业废渣产量更大，约为城市生活垃圾的10倍以上，其中有害成分约占10%。有害工业废渣种类繁多，危害性质各异。如果处理不当，很容易污染环境，破坏生态平衡，引起人畜中毒。其处理措施主要有以下几种。

(1)安全土地填埋：亦称安全化学土地填埋，是一种改进的卫生填埋方法。

(2)焚烧法：焚烧法是高温分解和深度氧化的综合过程。通过焚烧使可燃性的工业废渣氧化分解，达到减少容积，去除毒性，回收能量及副产品的目的。

(3)固化法：固化法是将水泥、塑料、水玻璃、沥青等凝固剂同有害工业废渣加以混合进行固化。在我国主要用于处理放射性废物。

(4)化学法：化学法是一种利用有害工业废渣的化学性质，通过酸碱中和、氧化还原等方式，将有害工业废渣转化为无害的最终产物的方法。

(5)生物法：许多有害工业废渣可以通过生物降解毒性，解除毒性的废物可以被土壤和水体接纳，这种废物处理方法称为生物法。目前，常用的生物法有活性污泥法、气化池法、氧化塘法等。

(6)有毒工业废渣的回收处理与利用：化学工业生产中排出的许多废渣具有毒性，须经过资源化处理加以回收和利用。

任务三 凸台的加工

任务目的

(1)掌握锉削工具的使用方法,学会正确使用锉削工具加工。

(2)认识游标卡尺,掌握游标卡尺的使用方法。

(3)了解公差的基本知识。

任务实施

第一步:我会看图

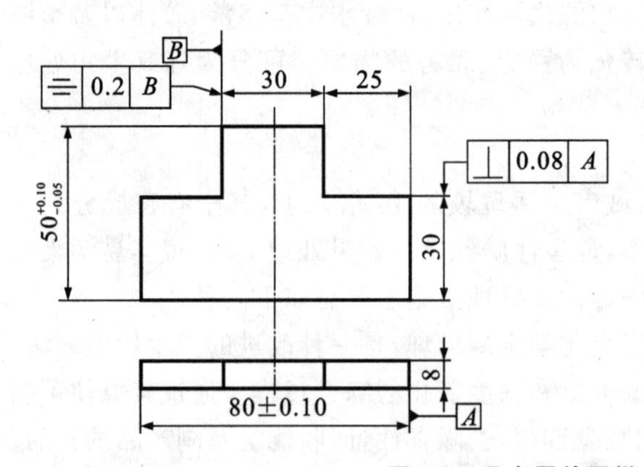

名称	材料	比例	数量
凸台	Q235		1

图 1-9 凸台零件图样

分析图 1-9 所示的零件图样,把握加工尺寸。

对凸台的结构认识:

(1)看标题栏:了解凸台的材料是__________。

(2)分析视图:了解凸台的大致结构。

(3)分析尺寸和技术要求,如表 1-7 所示。

表 1-7 尺寸及含义

项目	代 号	含 义	说 明
尺寸公差			

续表

项目	代 号	含 义	说 明
尺寸公差			
形位公差			

第二步:我会准备

一、加工所需工量具及材料

(1)工具:________________。

(2)量具:________________。

(3)材料:________________。

二、锉削

什么是锉削呢?

1. 锉刀

1)锉刀的构造

(1)锉刀是用T13钢或T12钢制成,经热处理后切削部分硬度达HRC62~72。锉刀由__________和__________两部分组成,如图1-10所示。

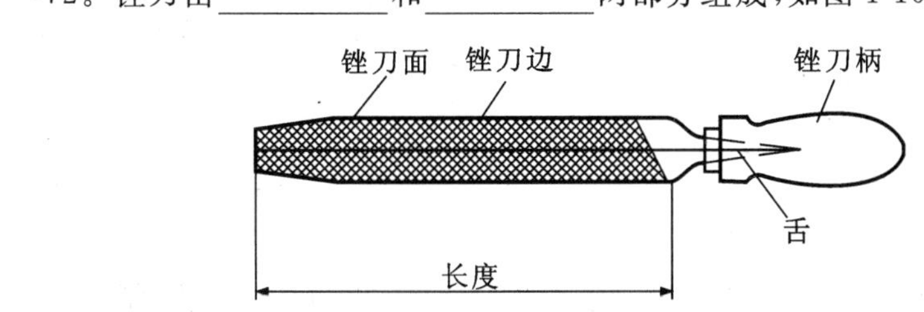

图1-10 锉刀

(2)锉刀边是锉刀的两个侧面,一般的锉刀只有一边有齿,没有齿的边为光边,其主要作用是________________。

2)锉刀的种类

按锉刀的用途不同,锉刀可分为＿＿＿＿＿、＿＿＿＿＿和＿＿＿＿＿三种。它们的特点和用途如表1-8所示。

表1-8 锉刀的种类和用途

类　　型	名　称	特　　点	用　　途

3)锉刀的选择

(1)锉刀形状的选择如表1-9所示。

表1-9 锉刀形状的选择

类　　型	名　称	性能特点	应　　用

在锉削平面、凸弧面、凹弧面、方孔、内角时,一般选择什么形状的锉刀?

(2)锉刀锉纹的选择:单齿纹锉刀是指锉刀上只有一个方向的齿纹[见图1-11(a)],锉齿强度＿＿＿＿＿＿,适用于锉削＿＿＿＿＿＿。双齿纹锉刀是指锉刀上有两个方向和角度排列的齿纹,分为底齿纹(齿纹浅)和面齿纹[见图1-11(b)],锉齿强度＿＿＿＿＿＿,适用于锉削＿＿＿＿＿＿。

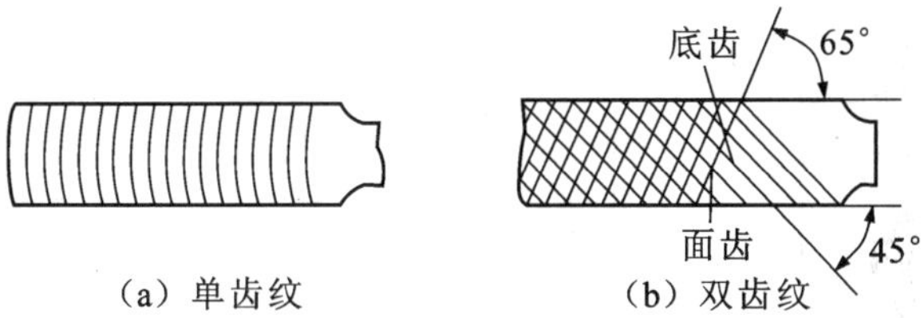

(a) 单齿纹　(b) 双齿纹

图 1-11　锉纹

(3)锉刀规格的选择:锉刀长度的选择取决于＿＿＿＿＿＿和＿＿＿＿＿＿,当＿＿＿＿＿＿＿＿＿＿＿＿＿＿＿＿时,所选锉刀规格较大,反之可选小规格的锉刀。

综合起来看,在实际操作中选择锉刀的一般原则是什么?

4)锉刀的握法(见表 1-10)

表 1-10　锉刀握法

握　　法	锉刀类型	特　　点

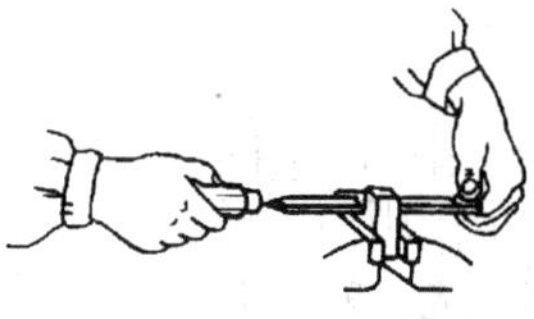		

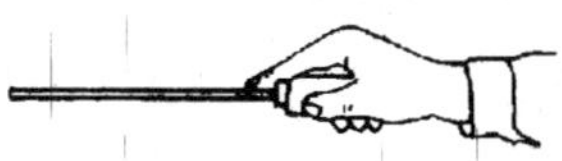		

5)锉削方法(见表 1-11)

表 1-11 锉削方法

图 例	方法名称	特 点	应 用

三、游标卡尺的使用

(1)游标卡尺是一种__________精密的测量仪器。

(2)游标卡尺的读数=______________ + ______________。

(3)教师讲解游标卡尺的使用和读数后,学生分组读数,熟悉游标卡尺的使用。

图 1-12 所示的读数为__________。

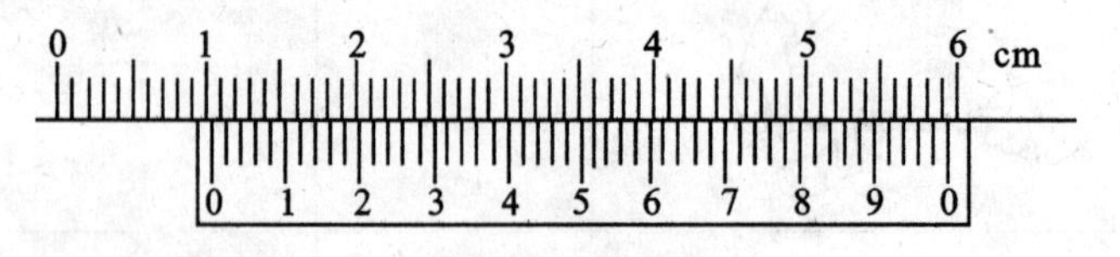

图 1-12 读数一

图 1-13 所示的读数为__________。

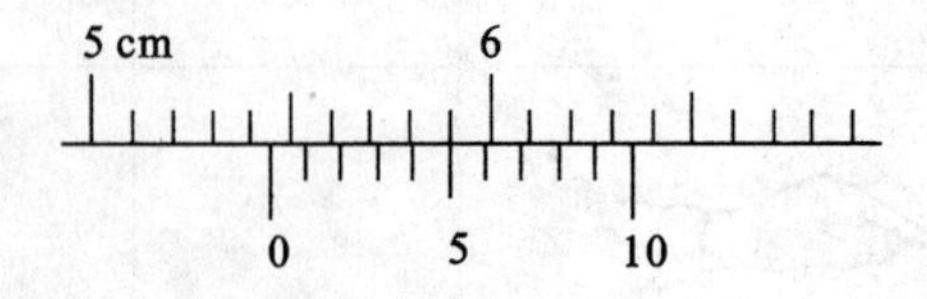

图 1-13 读数二

图 1-14 所示的读数为__________。

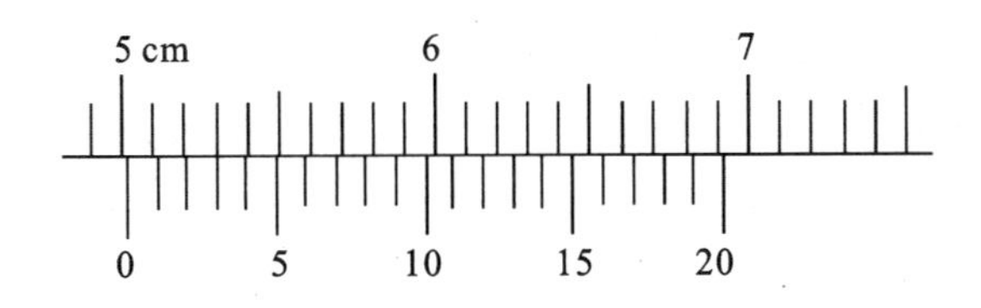

图 1-14 读数三

四、尺寸公差与偏差

例如 80 ± 0.10、$50^{+0.10}_{-0.05}$ 这两个尺寸，实际上是由基本尺寸和上下偏差两部分尺寸组成。为了弄懂这两个尺寸的意义，我们先了解有关尺寸公差和基本偏差的相关知识。

(1)尺寸公差：指允许尺寸的变动量，等于最大极限尺寸与最小极限尺寸代数差的绝对值。

(2)基本尺寸：标准规定，设计时给定的尺寸称为基本尺寸。孔的基本尺寸符号为 D，轴的基本尺寸符号为 d。

(3)实际尺寸：通过测量获得的尺寸。由于存在测量误差，实际尺寸并非尺寸的真值。实际尺寸包括零件毛坯的实际尺寸，零件加工过程中工序间的实际尺寸和零件制成后的实际尺寸。

(4)极限尺寸：允许尺寸变化的两个界限值，统称为极限尺寸。

最大极限尺寸：一个孔或轴允许的最大尺寸称为最大极限尺寸，用 D_{max}，d_{max} 表示。

最小极限尺寸：一个孔或轴允许的最小尺寸称为最小极限尺寸，用 D_{min}，d_{min} 表示。

(5)尺寸偏差(简称偏差)：尺寸偏差是指某一尺寸减其基本尺寸所得的代数差。由于尺寸有极限尺寸、实际尺寸之分，因此，偏差可分为极限偏差和实际偏差。

①极限偏差：极限尺寸减其基本尺寸所得的代数差称为极限偏差。由于极限尺寸有最大极限尺寸和最小极限尺寸之分，极限偏差又可分为上偏差和下偏差。

上偏差：最大极限尺寸减其基本尺寸所得的代数差(ES，es)，有

$$ES = D_{max} - D; \quad es = d_{max} - d$$

下偏差：最小极限尺寸减其基本尺寸所得的代数差(EI，ei)，有

$$EI = D_{min} - D; \quad ei = d_{min} - d$$

上、下偏差在图样上的标注为：基本尺寸$^{上偏差}_{下偏差}$，例 $\phi30^{+0.03}_{-0.01}$。

②实际偏差：实际尺寸减其基本尺寸所得的代数差称为实际偏差(EA，ea)，有

$$孔\quad EA = D_a - D; \quad 轴\quad ea = d_a - d \tag{1-1}$$

零件合格的条件：

强调：

☆偏差可以为正值、负值、零值。

☆计算时应注意偏差的正、负符号，应一起代到计算式中运算。

注意：

当偏差为零时，必须在相应位置标注“0”，不能省略，如 $\phi30^{0}_{-0.03}$；当偏差数值相同、符号相反时，可简化标注，如 $\phi30\pm0.01$。

孔 $EI \leqslant EA \leqslant ES$； 轴 $ei \leqslant ea \leqslant es$

因此，合格零件的实际偏差应在上、下偏差之间。

例 1-1 已知某孔基本尺寸为 ϕ50mm，最大极限尺寸为 ϕ50.048mm，最小极限尺寸为 ϕ50.009mm，试求上偏差、下偏差各为多少？

解 $ES = D_{max} - D = (50.048 - 50)mm = +0.048mm$

$EI = D_{min} - D = (50.009 - 50)mm = +0.009mm$

例 1-2 设计一轴，其直径的基本尺寸为 ϕ60mm，最大极限尺寸为 ϕ60.018mm，最小极限尺寸为 ϕ59.988mm，求轴的上偏差、下偏差。

解 $es = d_{max} - d = (60.018 - 60)mm = +0.018mm$

$ei = d_{min} - d = (59.988 - 60)mm = -0.012mm$

(6)尺寸公差(T)：尺寸公差是最大极限尺寸减最小极限尺寸之差，可以认为是上偏差减下偏差之差。用 Th 表示孔的公差，用 Ts 表示轴的公差。

强调：

☆公差是用绝对值定义的，没有正、负含义，在公差值前面不能标“+”号或“—”号。

☆公差不能取零值。

①在数值上，公差等于最大极限尺寸与最小极限尺寸之代数差的绝对值。表达式为

$$Th = |D_{max} - d_{min}| = |ES - EI| \tag{1-2}$$
$$Ts = |d_{max} - d_{min}| = |es - ei|$$

②尺寸公差计算举例。

例 1-3 求孔 $\phi 20^{+0.104}_{+0.020}$ 的尺寸公差。

解 由式(1-2)可得孔的尺寸公差为

$Th = D_{max} - d_{min} = (20.104 - 20.020)mm = 0.084mm$

$Th = ES - EI = (0.104 - 0.020)mm = 0.084mm$

所以说，$50^{+0.10}_{-0.05}$ 这个尺寸表示其基本尺寸是______，上偏差是______，下偏差是______，加工完成时测量的尺寸最大不能超过______，最小不能小于______。在加工时，必须保证测量尺寸一定要在这两个尺寸范围内，即为合格产品，超出即为次品。这也说明，并不是让尺寸为 50mm 才合格，合格产品的尺寸允许存在一定的波动范围。在加工时为了保证尺寸检测合格，最好使加工的零件尺寸接近于这两个极限尺寸的中间值。

尤其是像 $30^{\ 0}_{-0.06}$ 这样的尺寸，其上偏差为______，下偏差为______，那么它的最大极限尺寸为______，最小极限尺寸为______，如果自己在测量时读得其尺寸为 30mm 时，由于不同的人测量会产生测量误差，别人来检测时就有可能会检测出该零件尺寸大于 30mm，那么，就会判此零件为次品了。所以在加工该零件时，最好使其实际尺寸接近于中间值，即为______。

师生一起分析本零件的加工步骤。

五、分析加工步骤

(1)检查坯料。

(2)锉削基准，保证直角。

(3)划线。

(4)锯削左肩。

(5)锉削左肩，保证尺寸和垂直度。

(6)锯削右肩。

(7)锉削右肩,保证尺寸。

(8)去毛刺,检测。

思考:为什么要去毛刺?

六、检测及评分

师生一起分析讨论,完成表1-12所示的检测评分表中检测项目、配分及评分标准的制订。

表1-12　检测评分表

检测项目	配分	评分标准	自我检测	教师检测
总　　分				
存在的主要问题				

第三步:我会操作

认真进行操作训练,加工零件,并用文字或图片的形式记录下自己的操作过程,填写表1-13。

表1-13　操作过程

步骤	主要操作内容(可以画图)	主要操作方法
划线		
锯削		
锉削		
去毛刺		

教师巡视,如发现问题,则针对问题及时进行个别辅导或者全班讲解、演示,进行更正。

在完成作品后,先对照评分表自我检测,然后上交作品,由教师检测,进行个别讲解,得出本次操作的最后得分。

第四步：我能总结

学生分组讨论，交流操作心得，并选部分同学在全班交流。

通过本次任务的实训操作和学习，自己最大的收获是：

第五步：我想知道

拓展知识：公差配合

为什么零件尺寸设计时会有尺寸公差？

1. 尺寸公差

1)公差带图

公差带图是用尺寸公差带的高度和相互位置表示公差大小和配合性质，它由零线和公差带组成。

零线：确定偏差的基准线。

公差带：由代表上偏差和下偏差两条直线所限定的区域。

请写出图 1-15 所示的三个尺寸。

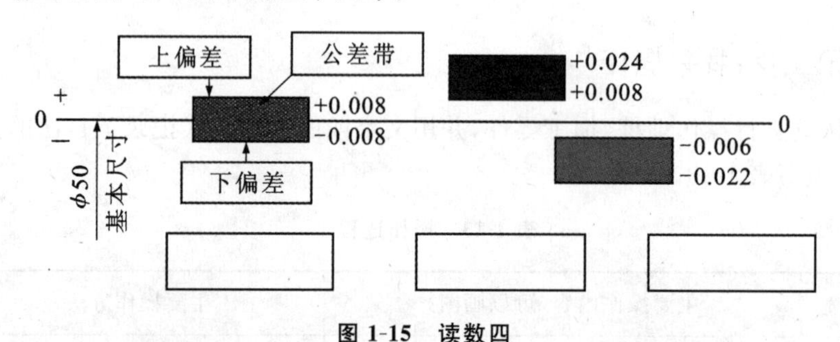

图 1-15　读数四

2)配合

配合：基本尺寸相同且相互结合的孔和轴的公差带之间的关系。

基孔制：基本偏差为一定的孔的公差带，与不同基本偏差的轴的公差带形成各种配合的一种制度。基孔制的孔称为基准孔 H，是配合中的基准件，它的公差带在零线的上方，且基本偏差(下偏差)为零，即 EI=0；上偏差为正值。

基轴制：基本偏差为一定的轴的公差带，与不同基本偏差的孔的公差带形成各种配合的一种制度。基轴制的轴称为基准轴 h，是配合中的基准件，它的公差带在零线的下方，且基本偏差(上偏差)为零，即 es=0；下偏差为负值。

当孔的公差带在轴的公差带之上时，形成__________配合。

当孔的公差带在轴的公差带之下时，形成__________配合。

当孔的公差带与轴的公差带有交叠时，形成__________配合。

图 1-16 所示的是以基孔制表现的三种配合，请标出来。

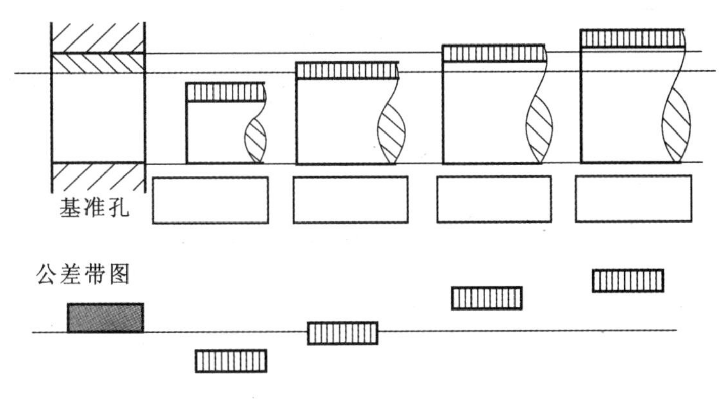

图 1-16　基孔制公差带

2. 几何公差简介

几何参数的几何公差有形状公差、位置公差、方向公差和跳动公差等，如表 1-14 所示。其中，形状公差和位置公差简称为形位公差。

表 1-14　几何公差

公差类型	形状公差						方向公差				
几何特征	直线度	平面度	圆度	圆柱度	线轮廓度	面轮廓度	平行度	垂直度	倾斜度	线轮廓度	面轮廓度
符号	—	⏥	○	⌭	⌒	⌓	//	⊥	∠	⌒	⌓
有无基准	无	无	无	无	无	无	有	有	有	有	有

公差类型	位置公差						跳动公差	
几何特征	位置度	同心度（用于中心点）	同轴度（用于轴线）	对称度	线轮廓度	面轮廓度	圆跳动	全跳动
符号	⌖	◎	◎	⌯	⌒	⌓	↗	⌰
有无基准	有或无	有	有	有	有	有	有	有

3. 表面粗糙度

表面粗糙度是表面结构要求中常用的一种轮廓参数，其评定参数主要为轮廓算术平均偏差 $R_{平}$，单位为 μm。

表面粗糙度在零件图中符号如图 1-17 所示。D(字)D(字)

常用的 $R_{平}$ 值与对应的加工方法和应用举例如表 1-15 所示。

新标准规定，当要求标注表面结构的补充信息时，应使用长边上有一条横线的完整图形符号，完整符号有以下三种。

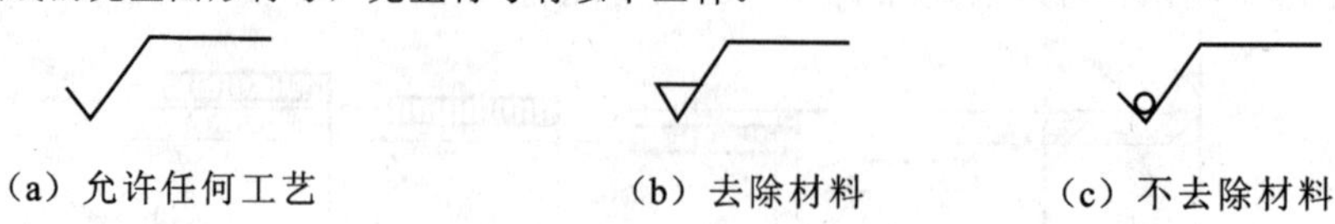

（a）允许任何工艺　　（b）去除材料　　（c）不去除材料

表面结构补充要求注写的位置如下图所示。

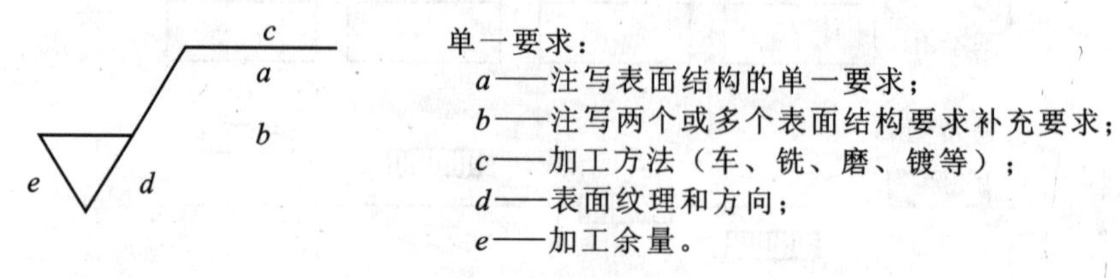

图 1-17　表面粗糙度符号

表 1-15　*Ra* 值与对应的加工方法

$Ra/\mu m$	表面特征	主要加工方法	应用举例
50	明显可见刀痕	粗车、粗铣、粗刨、钻孔等	为粗糙度最低的加工面，一般很少应用
25	可见刀痕		不接触表面、不重要的接触面，如螺钉孔、侧角、机座底面等
12.5	微见刀痕		
6.3	可见加工痕迹	精车、精铣、精刨、铰孔、镗、粗磨等	没有相对运动的零件接触面，如箱、盖、套筒等要求紧贴的表面，键和键槽工作表面；相对运动速度不高的接触面，如支架孔、衬套、带轮轴孔的工作表面
3.2	微见加工痕迹		
1.6	看不见加工痕迹		
0.8	可辨加工痕迹方向	精车、精铰、精拉、精镗、精磨等	要求很好密合的接触面，如与滚动轴承配合的表面、锥销孔等；相对运动速度较高的接触面，如滑动轴承的配合表面、齿轮轮齿的工作表面等
0.4	微辨加工痕迹方向		
0.2	不可辨加工痕迹方向		
0.1	暗光泽面	研磨、抛光、超级精细研磨等	精密量具的表面、极重要零件的摩擦面，如气缸的内表面、精密机床的主轴颈、坐标镗床的主轴颈等
0.05	亮光泽面		
0.025	镜状光泽面		
0.012	雾状镜面		
0.006	镜面		

项目二

角度样板的锉削加工

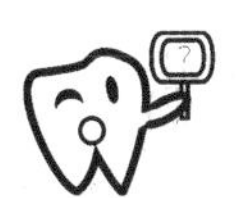

项目描述

通过制作角度样板，熟练使用划线平板划线，熟练掌握锯削、锉削的方法。较熟练掌握相关量具的使用方法，能对所加工的工件进行正确的测量；能看懂零件图，学会按图样加工凹凸角。

学习目标

(1)学会使用锉刀进行正确的锉削。

(2)学会使用刀口直尺、百分表、万能角度尺对工件进行检测。

(3)了解常见的机械加工材料。

任务一 专项锉削训练

任务目的

(1)掌握锉削工具的使用方法,学会正确使用锉刀锉削狭平面。

(2)掌握刀口直尺、百分表的使用方法。

(3)了解碳钢、合金钢相关知识。

任务实施

第一步:我会看图

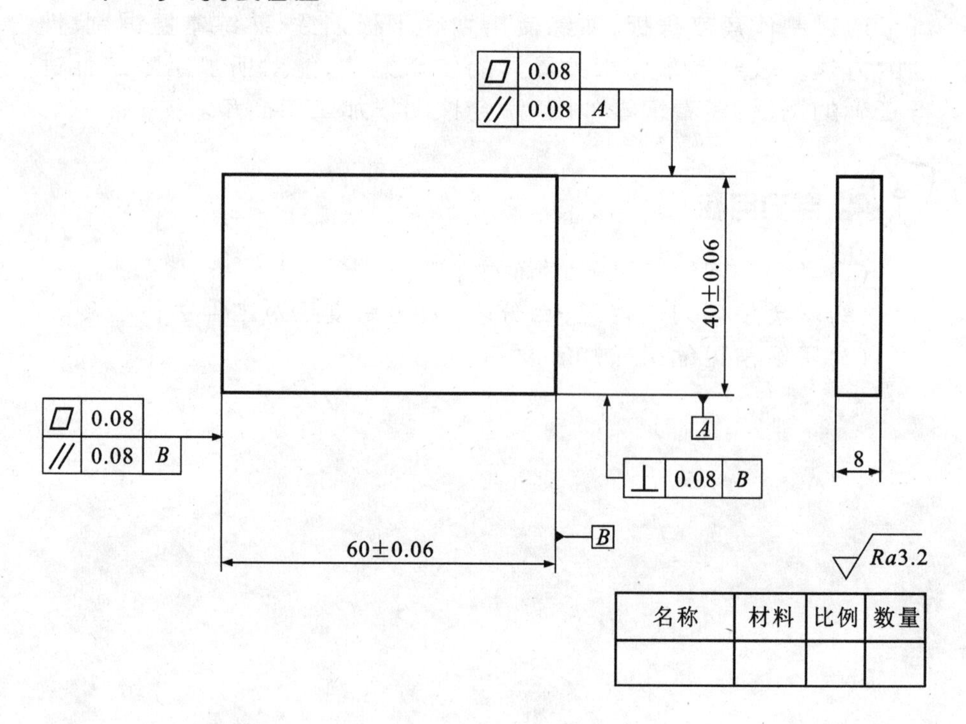

图 2-1 零件图样

分析图 2-1 所示的零件图样,把握外形轮廓公称尺寸。

对该零件的结构认识:

(1)看标题栏:了解到锉削训练件的材料是________。

(2)分析视图:了解该零件的大致结构。

(3)分析尺寸和技术要求,填入表 2-1 中。

表 2-1 尺寸及含义

项目	代号	含义	说明
尺寸公差			
几何公差			
表面粗糙度			

第二步：我会准备

一、加工所需工量具及材料

(1)工具：______________________________。

(2)量具：______________________________。

(3)材料：______________________________。

二、平面锉削常用工量具

1. 刀口直尺

(1)刀口直尺的结构如图 2-2 所示。

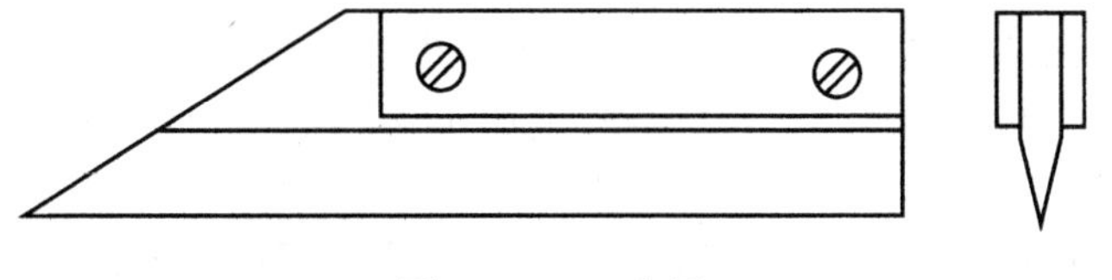

图 2-2 刀口直尺

刀口直尺通常用来检测平面零件的________和________，有______级和

______级两种精度，常用的规格有______mm、______mm、______mm 等。

(2)检测方法：通常采用刀口直尺通过透光法来检查锉削面的平面度。在工件检测面上，迎着亮光，观察刀口直尺与工件表面之间的缝隙，若______的光线通过，则平面平直。平面度误差值的确定，可在平板上用______塞入检查。若两端光线极微弱，中间光线很强，则工件表面中间______；若中间光线极弱，两端光线较强，则工件表面中间______；其误差值应取两端检测部位中______直线度的误差值计。检测有一定的宽度的平面度时，要使其检查位置合理、全面，通常采用______字形逐一检测整个平面。

2. 百分表

(1)百分表的构造如图 2-3 所示。

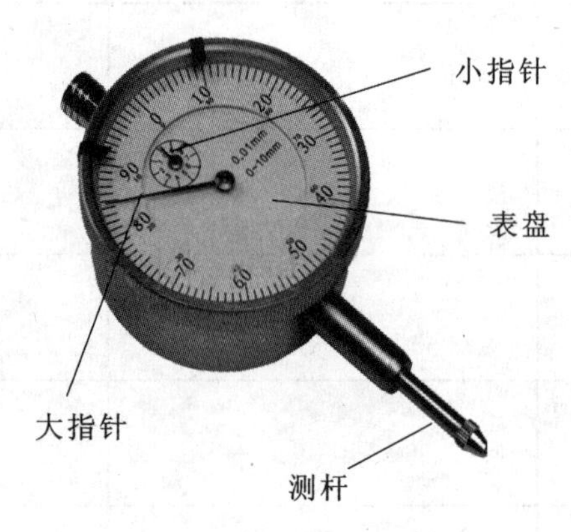

图 2-3 百分表的构造

(2)百分表的读数方法：当测轴向上或向下移动 1mm 时，通过齿轮传动系统带动大指针转______，同时小指针转______。大指针每转一格读数值为______mm，小指针每转一格读数为______mm。先读______指针转过的刻度线(即毫米整数)，再读长指针转过的刻度线，并乘以______，然后两者______，即得到所测量的数值。

(3)百分表的使用方法及注意事项。

百分表适用于尺寸精度为 IT6～IT8 级零件的校正和检验。按其制造精度，可分为 0、1、2 级三种，0 级精度较高。

①使用前，应检查测量杆活动的灵活性，即轻轻推动测量杆时，测量杆在套筒内的移动要灵活，没有任何轧卡现象，且每次放松后，指针能回复到原来的刻度位置。

②使用百分表时，必须把它固定在可靠的夹持架上(如图 2-4 所示，固定在万能表架或磁性表座上)，夹持架要安放平稳，避免使测量结果不准确或摔坏百分表。

思考：为什么必须垂直？

③用百分表测量零件时，测量杆必须垂直于被测量表面。

④测量时，不要使测量杆的行程超过它的测量范围。

⑤不能用百分表测量表面粗糙或有显著凹凸不平的零件。不要使测量头突然撞在零件上；不要使百分表受到剧烈的振动和撞击，亦不要把零件强迫推

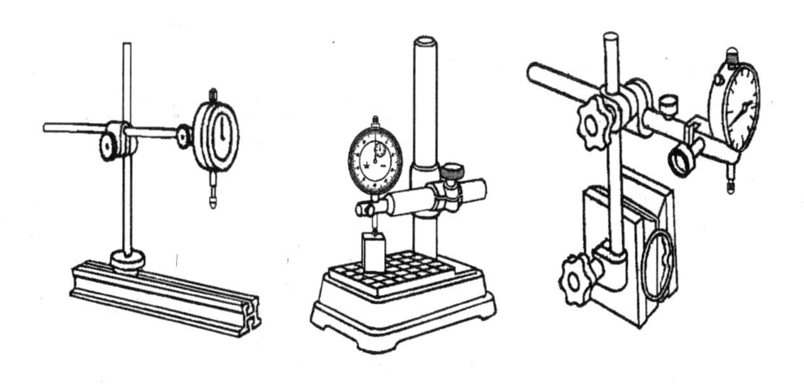

图 2-4　固定百分表

入测量头下，以免损坏百分表的机件而使其失去精度。

⑥用百分表校正或测量零件时，应当使测量杆有一定的初始测力，即在测量头与零件表面接触时，测量杆应有 0.3～1 mm 的压缩量，使指针转过半圈左右，然后转动表圈，使表盘的零位刻线对准指针。轻轻地拉动手提测量杆的圆头，拉起和放松几次，检查指针所指的零位有无改变。当指针的零位稳定后，再开始测量或校正零件的工作。

⑦检查工件平整度或平行度时，将工件放在平台上，使测量头与工件表面接触，调整指针使之摆动，然后把刻度盘零位对准指针，跟着慢慢地移动表座或工件，当指针顺时针摆动时，说明工件偏高；逆时针摆动，则说明工件偏低，如图 2-5 所示。

钳工在哪些操作中会用到百分表？

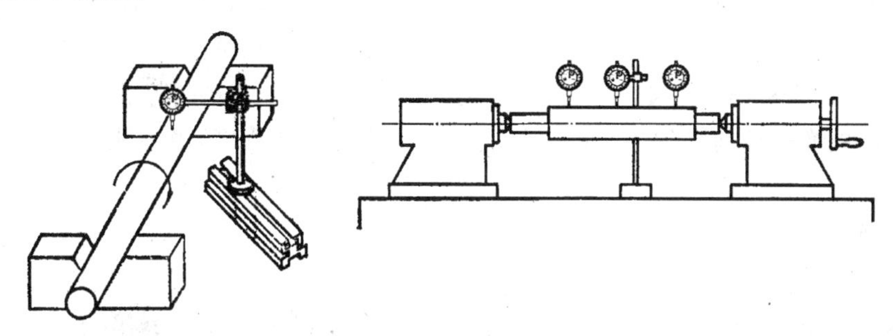

图 2-5　测量工件

3. 电动角向磨光机(简称角磨机)

(1)使用前的准备。

①仔细检查角磨机保护罩、辅助手柄，必须保证其完好无松动，如图 2-6 所示。

图 2-6　角磨机

②插头插上之前，检查电缆软线及插头是否完好无损，务必检查机器开关是否在关闭的位置。

③注意检查砂轮片是否受潮或缺角，如有，应用专用工具或扳手将其拿掉。

④开机试转 1 min,看所用的砂轮片运行是否平稳正常,保护装置是否妥善可靠,确认无误后方可正常使用。

⑤操作角磨机前,操作人员必须配带防护眼镜及防尘口罩,防护设施不到位不准作业。

思考:工件没夹紧会产生什么后果?

⑥所需加工的工件,事前应夹紧,保证安全可靠。

(2)安全使用。

①在操作时,角磨机的磨切方向严禁对着周围的工作人员及一切易燃易爆危险物品,以免造成不必要的伤害。

②角磨机在使用中,所用的砂轮片在打磨时与工件的倾斜角度约在 30°～40°为宜。在打磨时勿重压、勿倾斜、勿摇晃,应根据所用砂轮片的材质适度控制打磨力度。

思考:砂轮片破碎会怎么样?

③使用角磨机时切记不可用力过猛,要徐徐均匀用力,如出现砂轮片卡阻现象,应立即将角磨机提起,以免烧坏角磨机或因砂轮片破碎,造成安全事故。

④角磨机工作时间较长而机体温度大于 50°并有烫手的感觉时,应立即停机待自然冷却后再行使用。

⑤使用过程中,更换砂轮片时必须关闭电源或拉掉电源线,务必使用专用工具拆装,严禁乱敲乱打。更换后必须开机试转 1 min,看所用的砂轮片运行是否平稳正常。

⑥工作完成后,关闭角磨机开关,并握住角磨机,直到砂轮片完全停止转动时才能将其放好。

⑦工作结束后,用毛刷清除角磨机防护罩内外等处积尘,保持角磨机干净、整洁;将其存放在指定位置。并保持工作场地干净、整洁。

⑧角磨机出现不正常声音或过大振动或漏电时,应立刻停止作业。检查维修、更换配件前必须先切断电源。检查碳刷的磨损程度,由专业人员适时更换。

4. 抛光机

(1)抛光机是一种电动工具,由底座、抛盘、抛光织物、抛光罩及盖等基本元件组成,如图 2-7 所示。电动机固定在底座上,抛光织物通过套圈紧固在抛盘上。抛光过程中需要加入抛光剂以减小抛光机的磨损和增强抛光效果。抛光罩及盖可防止灰土及其他杂物在机器不使用时落在抛光织物上而影响使用效果。

图 2-7 抛光机

(2)抛光原理:抛光时,涂有抛光剂的抛光轮高速旋转,工件与抛光轮摩擦产生高温,使工件金属塑性提高,在抛光力的作用下,金属表面产生塑性变形,凸起的部分被压入并流动,凹进的地方被填平,从而使细微不平的表面进一步得到改善。

(3)抛光机的使用。

①把抛光轮调节到合理的转速(见表2-2)。对于形状简单和表面较硬的工件或进行表面粗抛光时,应选用较大的圆周转速;反之,则选用较小的圆周转速。

表2-2　抛光不同金属材料时抛光轮的转速

金属材料	最佳圆周转速/(r/s)
钢、铁	30～35
铜及铜合金	22～30
铝及铝合金	18～25

②抛光轮旋转的过程中在抛光轮表面均匀地涂上一层薄薄的抛光剂。

③被抛光件轻轻地压向旋转轮子的恰当位置,在与抛光机轴同一水平上进行抛光。其用力的大小和抛光时间的长短,取决于工件表面性质、被抛光面的几何形状及加工精度要求,为了避免工件在抛光后发生几何形状的改变,对于棱边部分要轻抛少抛。

(4)安全注意事项。

①操作者必须安全着装。

②操作者的手、脚要远离旋转的抛光头。

③操作者不得擅自将操作手柄脱手。停机时,必须在高速抛光机完全停止旋转后,方可松开手柄。

思考:为什么必须在完全停止后脱手?

④不能使用粘有灰尘、污垢的抛光织物抛光。积垢太多的抛光织物无法清洗干净时,应及时更换。

⑤发现抛光机运转不正常时应停止使用。

⑥更换、安装抛光织物时,必须切断电源。

三、分析加工步骤

师生一起分析本零件的加工步骤。

(1)检查坯料。

(2)锉削基准,保证直角。

(3)划线。

(4)加工另外两面。

(5)去毛刺,检测。

四、检测及评分

师生一起分析讨论,完成表2-3所示的检测评分表中检测内容、配分及评分标准的制订。

表 2-3 检测评分表

检测内容	配分	评分标准	自我检测	教师检测
总 分				
存在的主要问题				

第三步:我会操作

认真进行操作训练,加工零件,并用文字或图片的形式记录下自己的操作过程,填在表 2-4 中。

教师巡视,如发现问题,则针对问题及时进行个别辅导或者全班讲解、演示进行更正。

表 2-4 操作过程

步 骤	主要操作内容(可以画图)	操作方法与注意事项
锉削基准		
划线		
锉平面		
去毛刺		

第四步:我能总结

通过本次任务的实训操作和学习,自己最大的收获是:

学生分组讨论,交流操作心得,并选部分同学在全班交流。

第五步:我想知道

一、碳钢

(1)什么是碳钢?

(2)碳钢的分类如表 2-5 所示。

表 2-5 碳钢的分类

种类	图例	性能特点	应用
碳素结构钢	普通碳素结构钢		
	优质碳素结构钢		
碳素工具钢			

二、合金钢

(1)什么是合金钢？

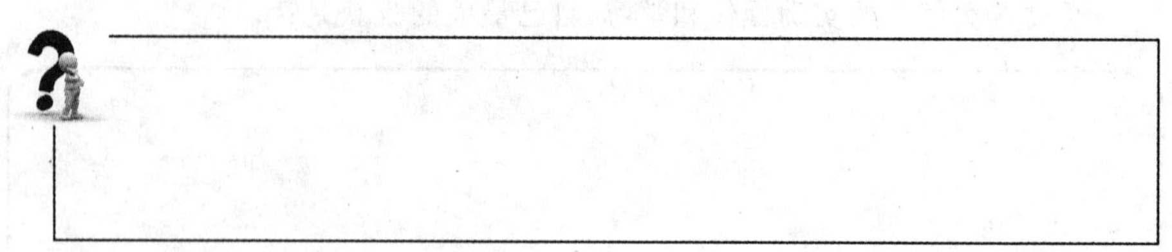

(2)合金钢的分类如表 2-6 所示。

表 2-6 合金钢的分类

种类	图 例	性能特点	应 用
合金结构钢	低合金高强度结构钢 （储气罐）		
	合金渗碳钢 （齿轮）		
	合金调质钢 （汽车传动轴）		
	合金弹簧钢 （钢板弹簧）		
	滚珠轴承钢 （圆柱滚子轴承）		

续表

种类	图　例	性能特点	应　用
合金工具钢	合金刃具钢 （铣刀）		
	合金模具钢 （热锻模）		
	合金量具钢 （游标卡尺）		
特殊性能钢	不锈耐酸钢 （医用镊子）		
	耐热钢 （汽车阀门）		
	耐磨钢 （履带）		

任务二 120°凹角的加工

任务目的

(1)熟练掌握锉削方法,达到精度要求。

(2)掌握万能角度尺的使用方法,学会正确使用万能角度尺检测所加工的凹角。

(3)了解铸铁、有色金属材料知识。

任务实施

第一步:我会看图

对该结构的认识:

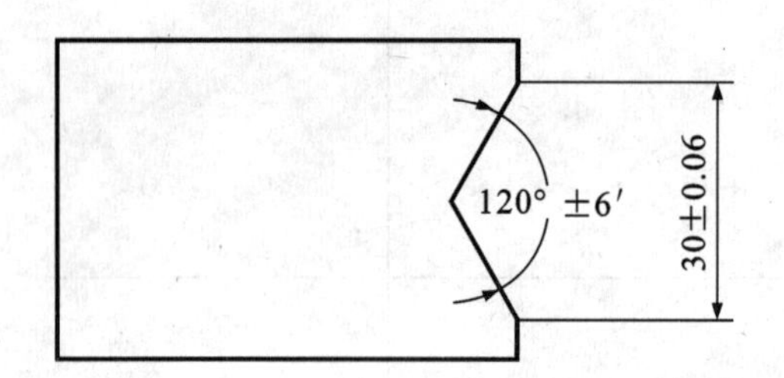

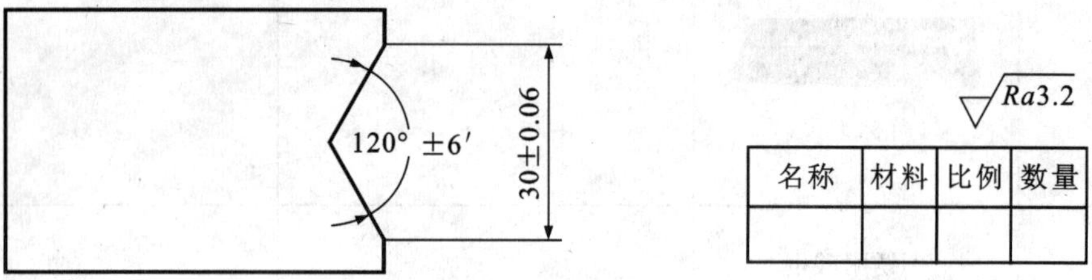

Ra3.2

名称	材料	比例	数量

图 2-8 零件图样

(1)分析图 2-8,了解加工部分的大致结构。

(2)分析尺寸和技术要求如表 2-7 所示。

表 2-7 尺寸及含义

项目	代 号	含 义	说 明
尺寸公差			
形位公差			
表面粗糙度			

第二步:我会准备

一、加工所需工量具及材料

(1)工具:____。

(2)量具:____。

(3)材料:____。

二、认识万能角度尺

(1)万能角度尺的基本结构如图 2-9 所示。

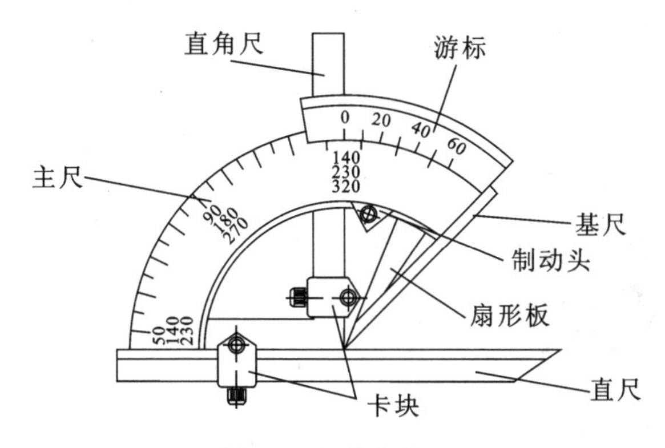

图 2-9　万能角度尺

(2)万能角度尺的读数。

①先读“度”的数值——看游标零线左边,主尺上最靠近一条刻线的数值,读出被测角“度”的整数部分。

②再从游标尺上读出“分”的数值——看游标上哪条刻线与主尺相应刻线对齐,可以从游标上直接读出被测角“度”的小数部分,即“分”的数值。

③被测角度等于上述两次读数之和。

④主尺上基本角度的刻线只有 90 个分度,如果被测角度大于 90°,在读数时,应加上一基数(90°,180°,270°),即为被测角度,如图 2-10 所示。

图 2-10 中的角度数值读为:

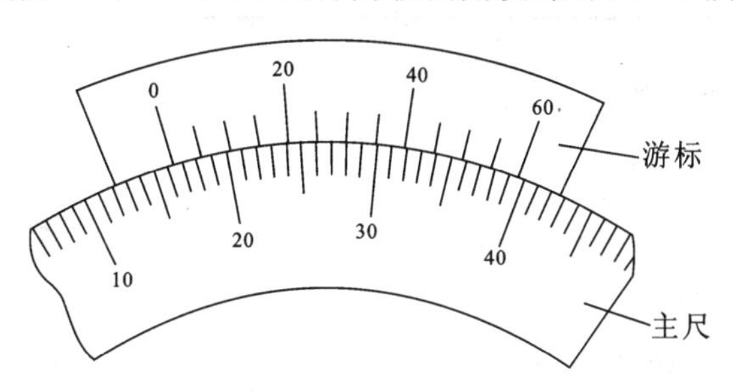

图 2-10　被测角度

(3)万能角度尺的使用如表 2-8 所示。

表 2-8 万能角度尺的使用

图 例	测量角度范围	装配部件	读数方法
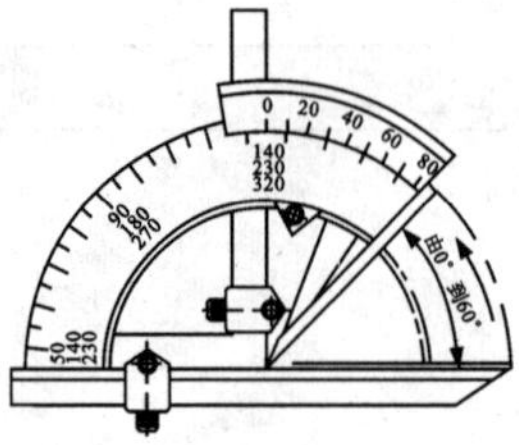			
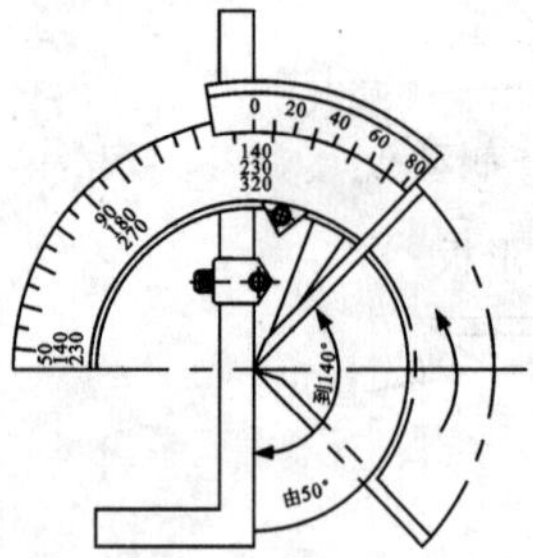			
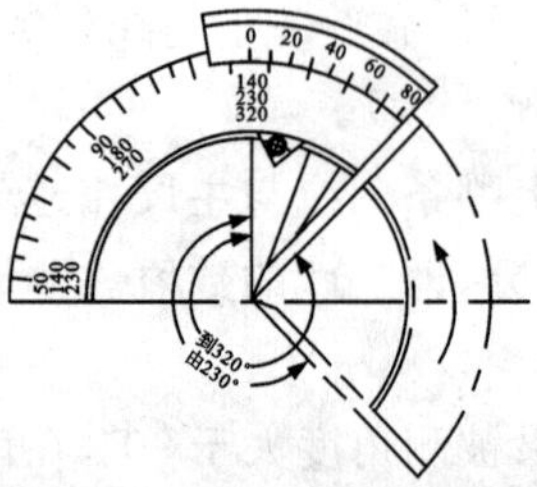			

师生一起分析本零件的加工步骤。

三、分析加工步骤

(1)检查坯料。

(2)划线。

(3)锯削。

(4)锉削 120°凹角。

(5)去毛刺,检测。

四、检测及评分

师生一起分析讨论,完成表 2-9 所示的检测评分表中的检测内容、配分及评分标准的制订。

表 2-9　检测评分表

检测内容	配分	评分标准	自我检测	教师检测
总　分				
存在的主要问题				

第三步:我会操作

认真进行操作训练,加工零件,并用文字或图片的形式记录下自己的操作过程,填在表 2-10 中。

表 2-10　操作过程

步骤	主要操作内容(可以画图)	操作方法与注意事项
划线		
锯削		
锉削		

教师巡视,如发现问题,则针对问题及时进行个别辅导或者全班讲解、演示,进行更正。

完成作品后,先对照评分表自我检测,然后上交作品,由教师检测,进行个别讲解,得出本次操作的最后得分。

第四步:我能总结

通过本次任务的实训操作和学习,自己最大的收获是:

学生分组讨论,交流操作心得,并选部分同学在全班进行交流。

第五步：我想知道

一、铸铁

(1)什么是铸铁？

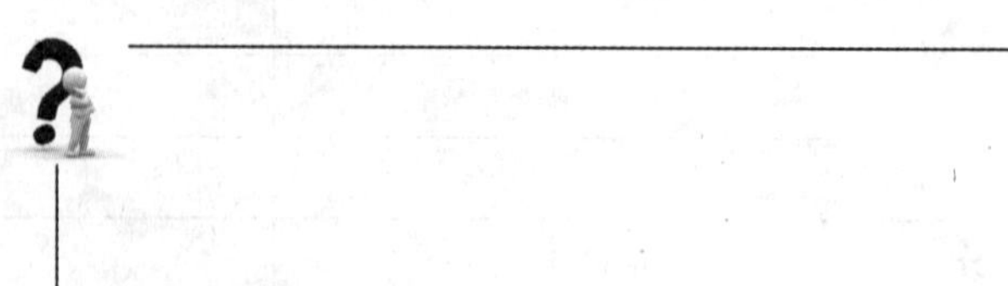

(2)铸铁的种类如表 2-11 所示。

表 2-11　铸铁的种类和应用

种类	图　例	性能特点	应　用
灰铸铁			
球墨铸铁			
蠕墨铸铁			
可锻铸铁			

二、有色金属材料

(1)什么是有色金属材料？

在工业生产中，通常把铁、锰、铬及其合金称为黑色金属，把其他金属及其合金称为有色金属。与钢铁等黑色金属材料相比，有色金属具有许多优良的特性，是现代工业中不可缺少的材料，在国民经济中占有十分重要的地位，例如，铝、镁、钛等具有相对密度小、强度高的特点，因而广泛应用于航空、航天、汽车、船舶等行业；银、铜、铝等是具有优良导电性和导热性的材料，广泛应用于电器工业和仪表工业；铀、钨、钼、镭、钍、铍等是原子能工业所必需的材料，等等。

(2)常用有色金属材料简介如表2-12所示。

表2-12　常用有色金属介绍

种类	图　例	性能特点	应　用
铝合金	（铝合金型材） 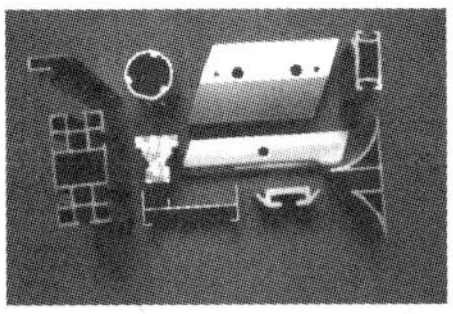		
铜合金	（黄铜铸件） 		
轴承合金	（内燃机轴瓦） 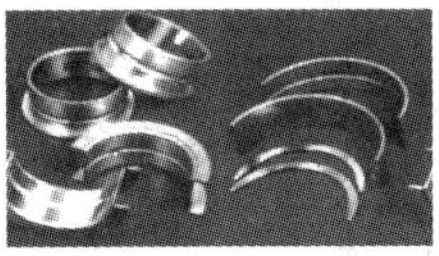		
钛合金	（飞机压气机叶片） 		

任务三 90°凸角的加工

任务目的

(1)掌握凸角加工方法与步骤。

(2)掌握凸角的测量方法。

(3)了解非金属材料知识,了解金属的性能特点。

任务实施

第一步:我会看图

对该零件的结构认识:

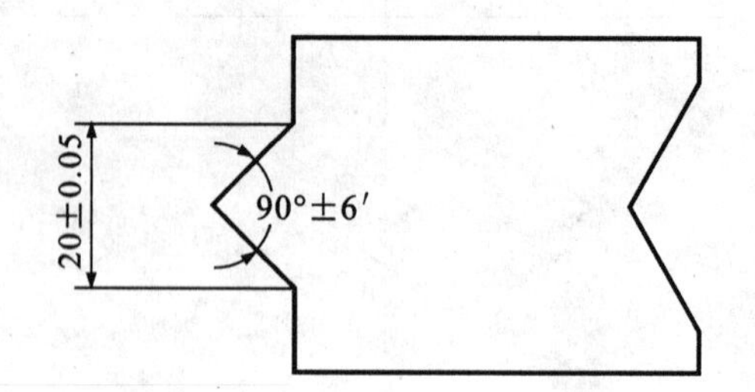

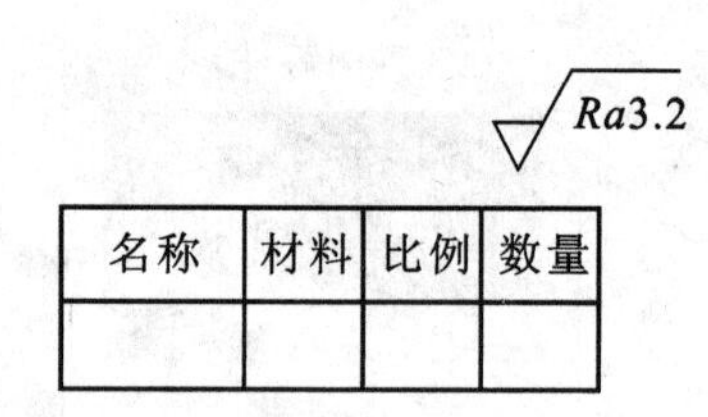

名称	材料	比例	数量

图 2-11 零件图样

分析图 2-11 所示的零件图样,把握外形轮廓公称尺寸。

(1)分析视图:了解本任务的主要加工内容。

(2)分析尺寸和技术要求,如表 2-13 所示。

表 2-13 尺寸及含义

项目	代 号	含 义	说 明
尺寸公差			
形位公差			
表面粗糙度			

第二步:我会准备

一、加工所需工量具及材料

(1)工具:________________________________。

(2)量具:________________________________。

(3)材料:________________________________。

二、分析加工步骤

师生一起分析本零件的加工步骤及技术要求。

(1)划线。

(2)锯削。

(3)锉削。

三、检测及评分

师生一起分析讨论,完成表 2-14 所示的检测评分表中检测内容、配分及评分标准的制订。

表 2-14　检测评分表

检测内容	配分	评分标准	自我检测	教师检测
总　　分				
存在的主要问题				

第三步:我会操作

认真进行操作训练,加工零件,并用文字或图片的形式记录下自己的操作过程,填在表 2-15 中。

教师巡视，如发现问题，则针对问题及时进行个别辅导或者全班讲解、演示，进行更正。

表 2-15 操作过程

步骤	主要操作内容（可以画图）	主要操作方法
划线		
锯削		
锉削		
检测		

完成作品后，先对照评分表自我检测，然后上交作品，由教师检测，进行个别讲解，得出本次操作的最后得分。

第四步：我能总结

学生分组讨论，操作心得，并选部分同学在全班进行交流。

通过本次任务的实训操作和学习，自己最大的收获是：

第五步：我想知道

拓展知识：非金属材料

1. 非金属材料

（1）什么是非金属材料？

非金属材料指金属材料以外的材料，可分有机和无机两大类。前者如塑料、橡胶、有机纤维、木材等，后者如陶瓷、玻璃、石棉、水泥等。

（2）常用非金属材料简介如表 2-16 所示。

表 2-16 非金属材料介绍

种类	图 例	性能特点	应 用
工程塑料	聚酰胺类（PA） （尼龙齿轮）		

续表

种类	图　　例	性能特点	应　　用
工程塑料	聚碳酸酯(PC)  (PC 挡风板)		
	聚甲醛(POM)  (POM 耐磨齿轮)		
	聚对苯二甲酸丁二醇酯(PBT)  (汽车部件)		
	聚苯醚(PPO)  (电子元件)		
复合材料	 (火箭)		

续表

种类	图例	性能特点	应用
新型工程材料	形状记忆合金 （过热保护装置）		
	纳米材料 （麻雀卫星）		
	超导材料 （磁悬浮列车）		

2. 金属材料的性能

金属材料的性能、特点如表 2-17 所示。

表 2-17 金属材料的性能、特点

性能	特点	表现指标
强度		
硬度		
塑性		
韧度		
疲劳强度		
切削加工性		

3. 常用金属材料简介

Q235 钢：普通碳素结构钢，含碳量 0.14%～0.22%。Q 代表材质的屈服极限；235 是指这种材质的屈服值在 235 MPa 左右。由于含碳量适中，它的综合性能较好，强度、塑性和焊接等性能得到较好配合，用途最广泛。广泛应用于一般要求的零件和加工时需要冷弯、铆接、焊接的工程结构件，如螺钉和螺母、钢结构课桌椅、桥梁、建筑结构等。

45 钢：常用中碳调质结构钢，含碳量 0.45%。综合力学性能良好，该钢冷塑性一般，具有较高的强度和较好的切削加工性，经适当的热处理以后可获得一定的韧度、塑性和耐磨性，材料来源方便。45 钢适合于氢焊和氩弧焊，不太适合于气焊。焊前需预热，焊后应进行去应力退火。45 钢通常在调质或正火状态下使用，主要用于制造受力较大的零件，如机床主轴、发动机曲轴、连杆等。

40Cr 钢：最常用的合金调制钢，其强度比 40 钢高 20%，属于低淬透性合金调质钢，用于制造一般尺寸的重要零件，如机床主轴、连杆、重要的齿轮等。

$W_{18}Cr_4V$ 钢：钨系高速钢，是我国发展最早、使用最广泛的高速钢，突出优点是通用性强，红硬性较高，淬透好，脱碳敏感性小，有较好的韧度，磨削性能好。但热塑性低，导热率小。广泛用于制作工作温度在 600 ℃ 以下的各种复杂刀具，如成形车刀、螺纹铣刀、拉刀、齿轮刀具、麻花钻、铣刀及机用丝锥等。

HT200：表示抗拉强度为 200 MPa 的灰铸铁，主要用于承受压力，要求减振、减磨，以及许多力学性能要求不高而形状复杂的零件。如机床的床身、导轨，机器的机架、底座，台虎钳，汽车和拖拉机的气缸、气缸套等。

H70：按成分称为七三黄铜，又称弹壳黄铜。具有优良的冷、热塑性变形能力，适用于制造形状复杂而要求耐蚀的管、套类零件，如弹壳、乐器、波纹管等。

YT5：硬质合金刀具材料，在钨钴钛类硬质合金中，强度最高，抗冲击和抗振性能最好，不易崩刃，但耐磨性较差，主要用于碳钢和合金钢的铸锻件与冲压件的表层切削加工，或不平整断面与断续切削时的粗加工。

项目三

螺母、螺柱的加工

项目描述

螺母、螺柱是标准件，按图加工六角螺母，螺柱；主要训练孔和内、外螺纹的加工。

学习目标

(1)学会使用钻床正确地钻孔。

(2)知道螺纹和螺纹连接的知识。

(3)学会使用丝锥、板牙攻螺纹和套螺纹的方法。

(4)认识常见的连接。

任务一 六角螺母的加工

任务目的

(1)掌握钻削工具的使用方法,学会正确使用钻床加工孔。

(2)掌握丝锥的使用方法,学会正确使用丝锥加工内螺纹。

(3)了解孔的其他加工方法。

任务实施

第一步:我会看图

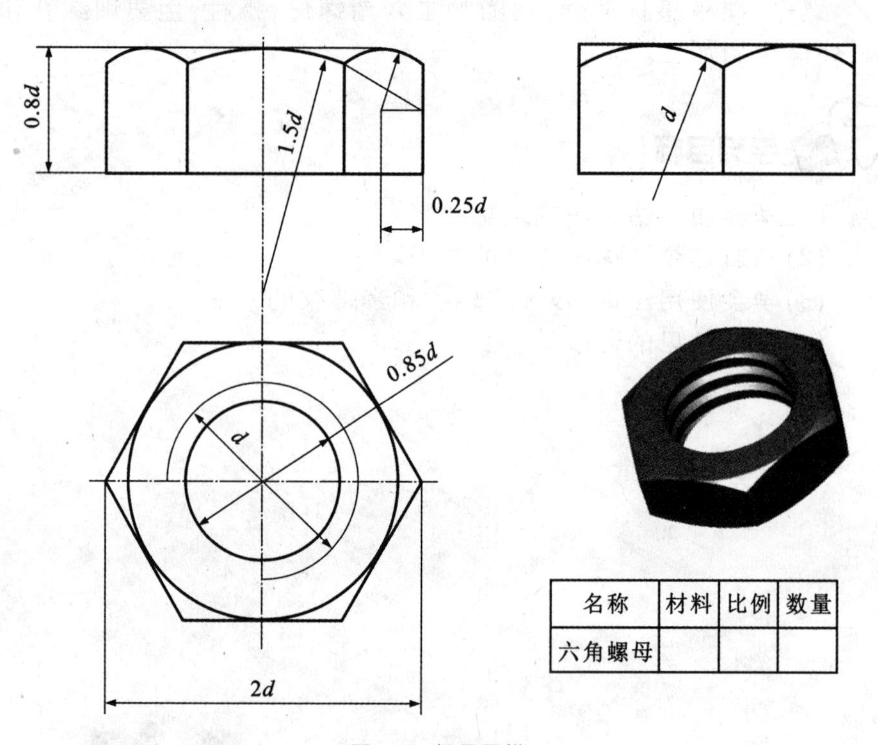

名称	材料	比例	数量
六角螺母			

图 3-1 螺母图样

分析图 3-1 所示的六角螺母的零件图,把握外形轮廓公称尺寸。

对六角螺母零件的结构认识:

(1)看标题栏:了解这个零件的名称,材料是________,比例为________。

(2)分析视图:了解该零件的大致结构。

(3)分析尺寸和技术要求。螺纹是标准件,各尺寸之间具有一定的关系,此次加工的螺纹大径 $d=12\text{mm}$,换算出各具体尺寸填入表 3-1 中,并分析。

表 3-1 尺寸及含义

项目	代 号	含 义	说 明
尺寸公差			
几何公差			
表面粗糙度			

第二步:我会准备

一、加工所需工量具及材料

(1)工具:____________________。

(2)量具:____________________。

(3)材料:____________________。

二、钻孔

1. 认识钻床

钻床的种类及应用如表 3-2 所示。

表 3-2 钻床的种类及应用

名称		名称	
应用		应用	

续表

名称		名称	
应用		应用	

自己总结钻床的安全操作规程，填写如下：

2. 认识麻花钻

麻花钻是应用最广泛的孔加工刀具，特别适合于 30mm 以下的孔的粗加工，有时也可用于扩孔。

钻头有直柄和锥柄两种，它由柄部、颈部和切削部分组成，它有两个前刀面，两个后刀面，两个副切削刃，一个横刃，一个 116°～118°的顶角，如图 3-2 所示。

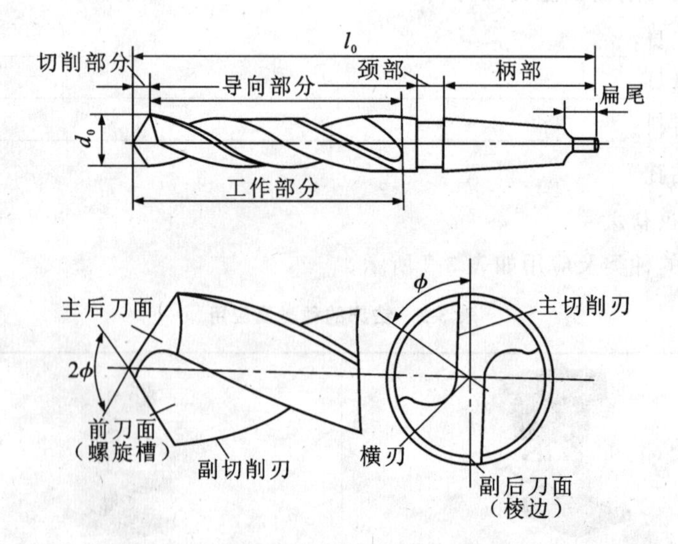

图 3-2 钻头

3. 正确钻孔

钻孔主要有两个运动：__________和__________，如图 3-3 所示。

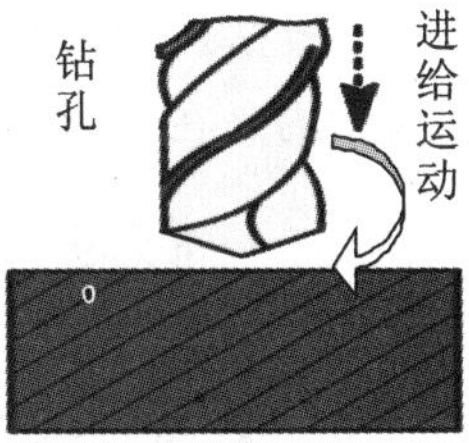

图 3-3　钻孔动作

三、螺纹及螺纹加工

1. 螺纹

在一个圆柱表面上，沿螺旋线方向切制出特定形状的沟槽即形成螺纹。

(1)根据螺纹牙型的不同，螺纹主要分为__________、__________、__________、__________、__________，如图 3-4 所示。其中，三角形螺纹主要用于__________；管螺纹一般用于管路(水管、油管等)的连接。

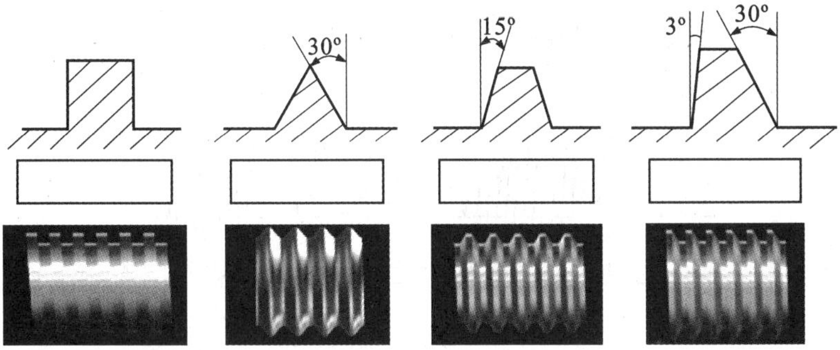

图 3-4　螺纹牙型

(2)如图 3-5 所示，螺纹按旋转的方向分为__________和__________，平常使用的螺纹多为右旋螺纹。

煤气阀门、氧气阀门等多为左旋螺纹，为什么？

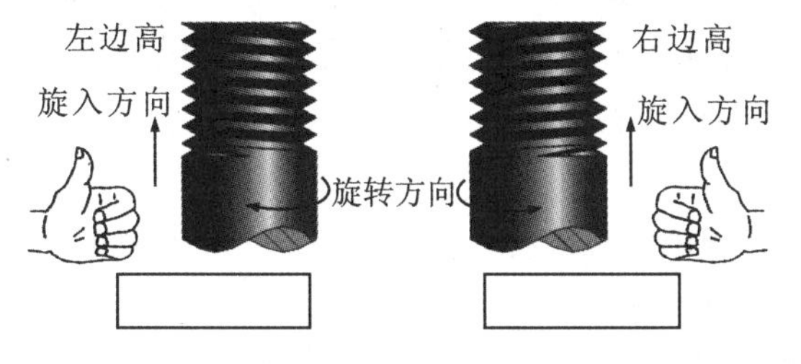

图 3-5　螺纹旋向

在图 3-5 中标出螺纹旋向。

(3)螺纹还有单线螺纹和多线螺纹之分。请在图 3-6 中标注出来。

在图 3-6 中标出螺纹线型。

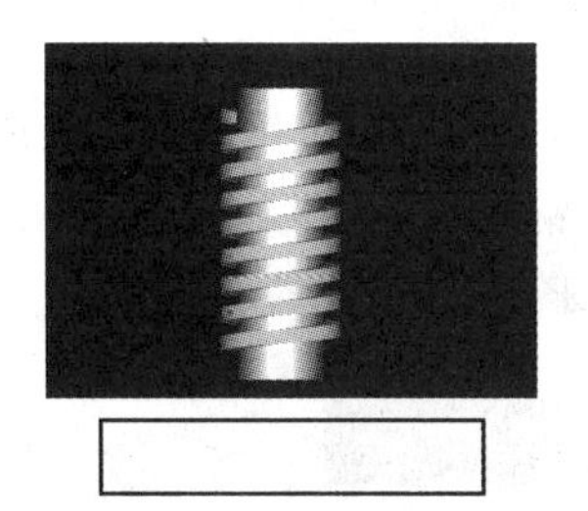

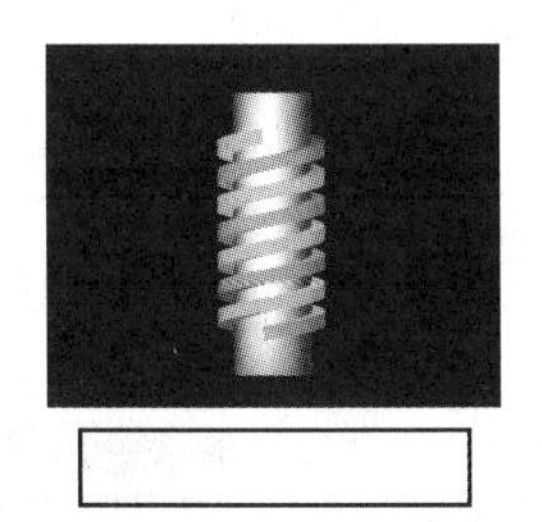

图 3-6　螺纹线型

（4）根据螺纹牙所在的表面位置，螺纹又可以分为内螺纹和外螺纹。图3-7所示的是在车床上车削外螺纹和内螺纹的图例。

在图3-7中标出螺纹类型。

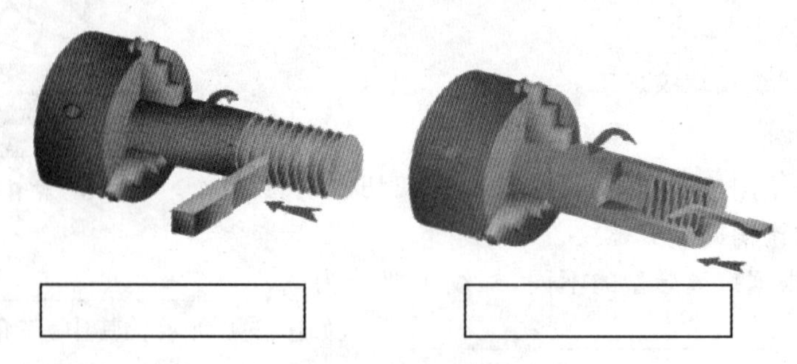

图3-7 内、外螺纹车削加工

（5）螺纹的重要参数，如图3-8所示。

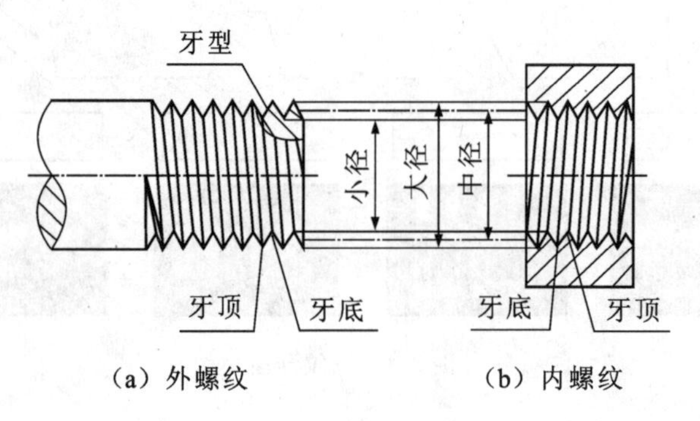

（a）外螺纹　　（b）内螺纹

图3-8 螺纹参数

①直径：大径（d、D）是与外螺纹牙顶或内螺纹牙底相切的假想圆柱（或圆锥）的直径；小径（d_1、D_1）是与外螺纹牙底或内螺纹牙顶相切的假想圆柱的直径；中径（d_2、D_2）是母线通过牙型上沟槽和凸起的宽度相等的地方的假想圆柱的直径。

在表示螺纹时采用的是公称直径，公称直径是代表螺纹尺寸的直径。普通螺纹的公称直径就是大径。

双线螺纹的导程是__________。

②螺距和导程：螺距（P）是相邻两牙在中径线上对应两点间的轴向距离；导程（P_h）是同一条螺旋线上的相邻两牙在中径线上对应两点间的轴向距离。

单线螺纹的导程就是螺距；多线螺纹的导程是螺距×线数。

2. 丝锥

丝锥（见图3-9）的种类很多，常用的有机用丝锥、手用丝锥、圆柱管螺纹丝锥、圆锥管螺纹丝锥等。机用丝锥由高速钢制成，其螺纹公差带分H1、H2和H3三种；手用丝锥是指碳素工具钢的滚牙丝锥，其螺纹公差带为H4。

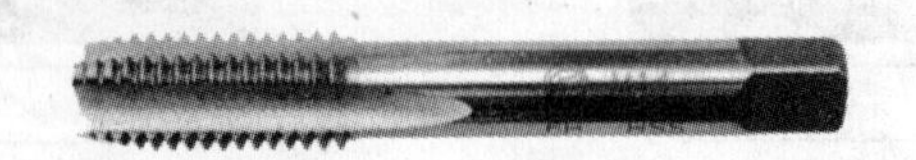

图3-9 丝锥

为减少切削阻力，延长丝锥的使用寿命，一般将整个切削工作分配给几只丝锥来完成。通常 M6～M24 的丝锥每组有两只；M6 以下和 M24 以上的丝锥每组有三只；细牙普通螺纹丝锥每组有两只。常用丝锥的组成部分如图3-10所示。

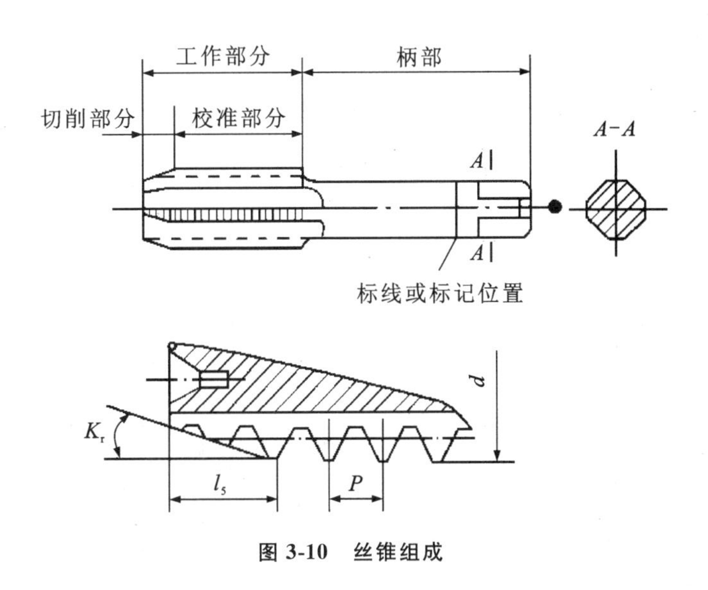

图 3-10　丝锥组成

铰杠是手工攻螺纹时用来夹持丝锥的工具，分普通铰杠（见图 3-11）和丁字铰杠（见图 3-12）两类，还可分为固定式和活络式两种。丁字铰杠是固定式铰杠，主要用于攻工件凸台旁的螺纹或箱体内部的螺纹。活络式铰杠可以调节夹持丝锥方榫。

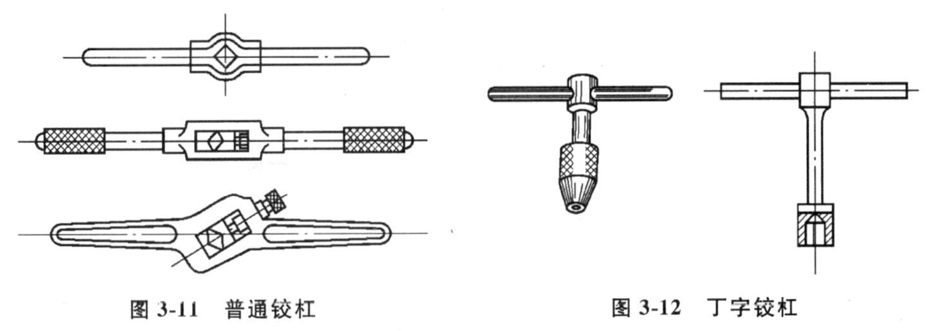

图 3-11　普通铰杠　　**图 3-12　丁字铰杠**

常用的是可调式铰杠（见图 3-13），旋动右边手柄即可调节方孔的大小，以便夹持不同尺寸的丝锥。铰杠长度应根据丝锥尺寸大小进行选择，以便控制攻螺纹时的施力（扭矩），防止丝锥因施力不当而折断。

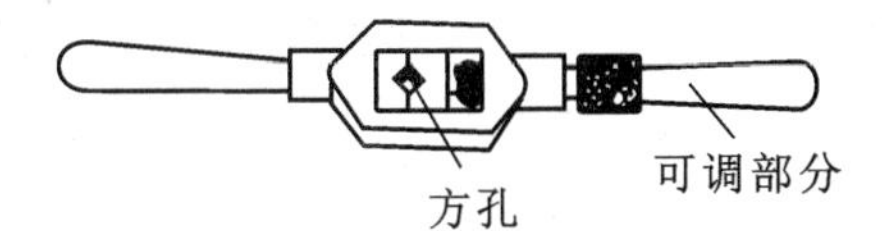

图 3-13　可调铰杠

算一下，M12的螺纹该加工多大的底孔呢？

3. 攻螺纹

对于普通螺纹来说，底孔直径可根据下列经验公式计算得出：

脆性材料

$$D_{底} = D - 1.05P$$

韧性材料

$$D_{底} = D - P$$

式中：$D_{底}$为底孔直径；D为螺纹大径；P为螺距。

攻螺纹过程中，请对照以下几个图例，说说图3-14、图3-15的作用。

把作用填在图中。

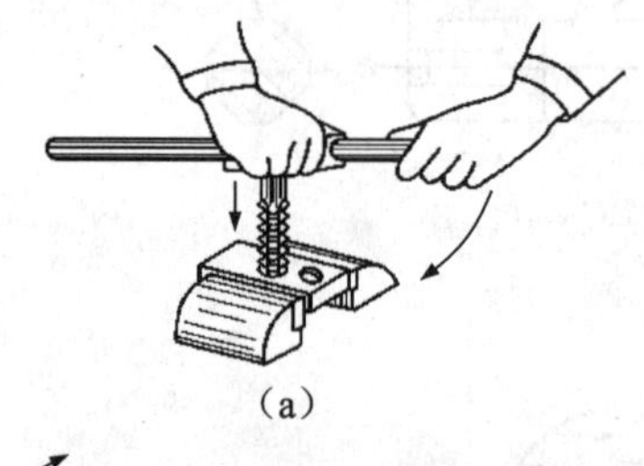

(a)

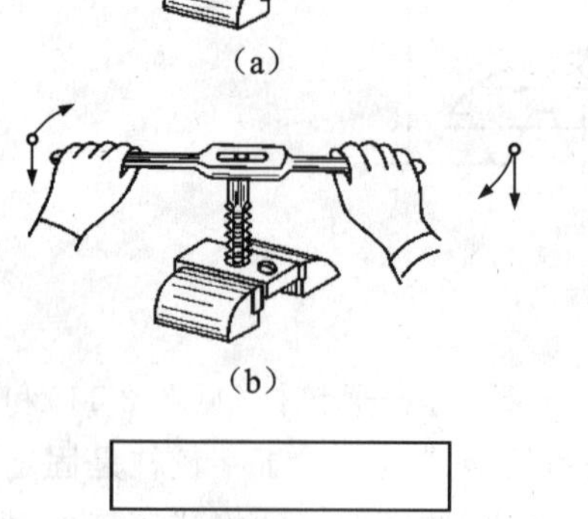

(b)

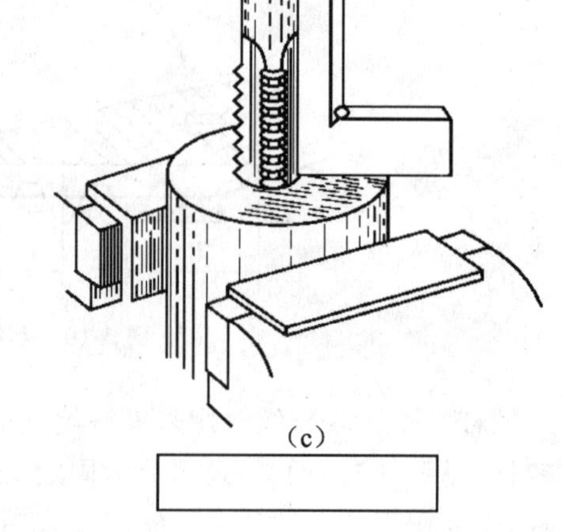

(c)

图 3-14 攻螺纹过程一

把作用填在图中。

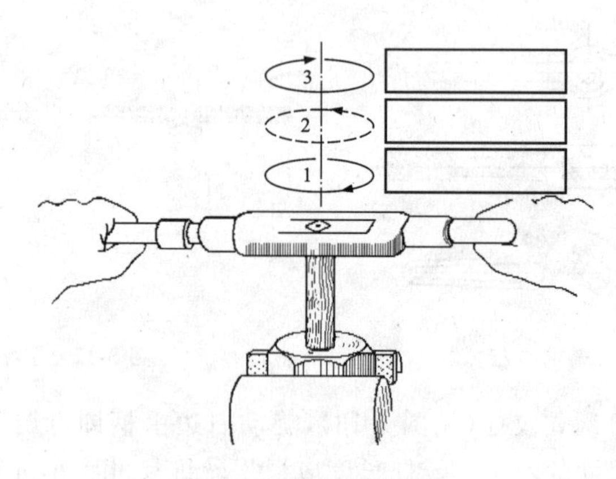

图 3-15 攻螺纹过程二

自己总结出攻螺纹的一般方法，填写如下：

四、分析加工步骤

师生一起分析螺母的加工步骤。

(1)检查坯料。

(2)下料,锯削。

(3)划线。

(4)加工基准面(第一面)。

(5)加工平行面(第二面),保证长度尺寸。

(6)加工对称的第三、四面。

(7)加工第五、六面。

(8)划出孔的中心线和六边形的内切圆,并打样冲眼。

(9)钻孔。

钻多大的孔?

(10)攻螺纹。

(11)加工圆弧倒角。

(12)去毛刺。

五、检测及评分

师生一起分析讨论,完成表3-3所示的检测评分表中检测内容、配分及评分标准的制订。

表3-3　检测评分表

检测内容	配分	评分标准	自我检测	教师检测
总　分				
存在的主要问题				

第三步:我会操作

认真进行操作训练,加工零件,并用文字或图片的形式记录下自己的操作过程,填在表3-4中。

教师巡视，如发现问题，则针对问题及时进行个别辅导或者全班讲解、演示，进行更正。

表 3-4 操作过程

序号	工　序	主要加工步骤(可以画图)	注意事项

完成作品后，先对照评分表自我检测，然后上交作品，由教师检测，进行个别讲解，得出本次操作的最后得分。

第四步：我能总结

学生分组讨论，交流操作心得，并选部分同学在全班交流。

通过本次任务的实训操作和学习，自己最大的收获是：

第五步：我想知道

拓展知识：孔的其他加工

1. 扩孔(见图 3-16)

当需要钻削 $d_w>30$mm 直径的孔时，为了减小钻削力及扭矩，提高孔的质量，一般先用$(0.5\sim0.7)d_w$大小的钻头钻出底孔，再用扩孔钻进行扩孔，既可较好地保证孔的精度和控制表面的粗糙度，且生产效率比直接用大钻头一次钻出时还要高。

对技术要求不太高的孔，扩孔可作为终加工；对精度要求高的孔，常作为铰孔前的预加工。

在成批或大量生产时，为了提高钻削孔、铸锻孔或冲压孔的精度和降低表面粗糙度值，也常使用扩孔钻扩孔。

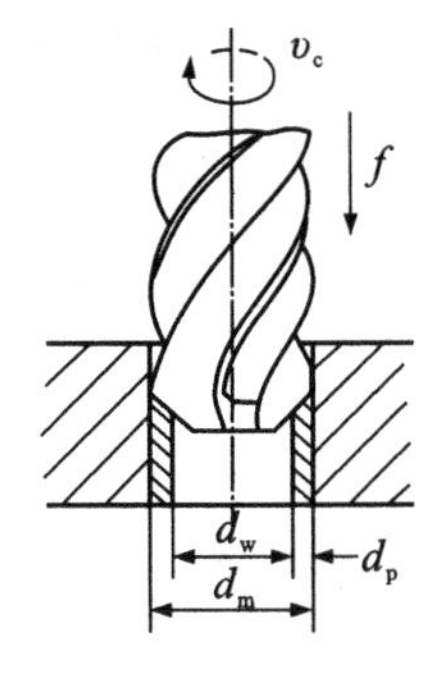

图 3-16 扩孔

图 3-17 铰孔

2. 铰孔(见图 3-17)

铰孔是用铰刀对已有孔进行精加工的过程。用于中、小尺寸孔的半精加工和精加工，尺寸精度能达到 IT6～IT8 级；表面粗糙度值 Ra 可达 1.6～0.4μm。

任务二 双头螺柱的加工

任务目的

(1)掌握圆板牙的使用方法，学会正确使用圆板牙加工外螺纹。

(2)认识螺纹连接的知识。

(3)了解常见的连接。

任务实施

第一步：我会看图

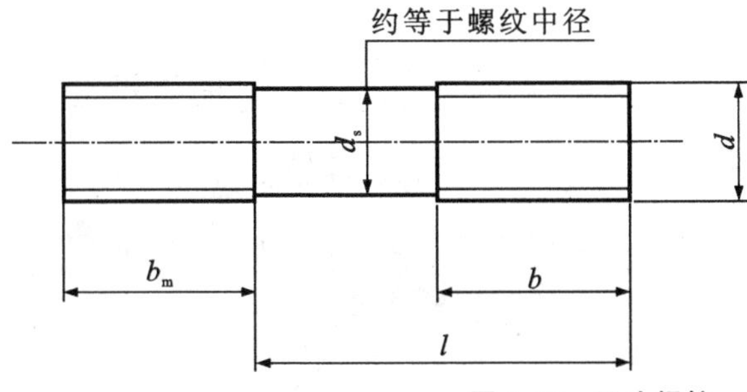

名称	材料	比例	数量
双头螺柱			

图 3-18 双头螺柱

双头螺栓的结构认识：

分析图 3-18 所示的双头螺柱的零件图样，把握外形轮廓公称尺寸。

(1)看标题栏：了解这个零件的名称，材料是________，比例为________。

(2)分析视图：了解双头螺栓的大致结构。

(3)分析尺寸和技术要求。双头螺柱属于标准件，如要加工公称直径 $d=12$mm 的双头螺柱，可以先查表，再分析相关尺寸，并填在表 3-5 中。

表 3-5 尺寸及含义

项目	代号	含义	说明
尺寸公差			
几何公差			
表面粗糙度			

第二步：我会准备

一、加工所需的工量具及材料

(1)工具：________________________________。

(2)量具：________________________________。

(3)材料：________________________________。

二、套螺纹

1. 板牙和板牙架

板牙是加工外螺纹的工具，如图 3-19 所示，它由合金工具钢制作而成，并经淬火处理。

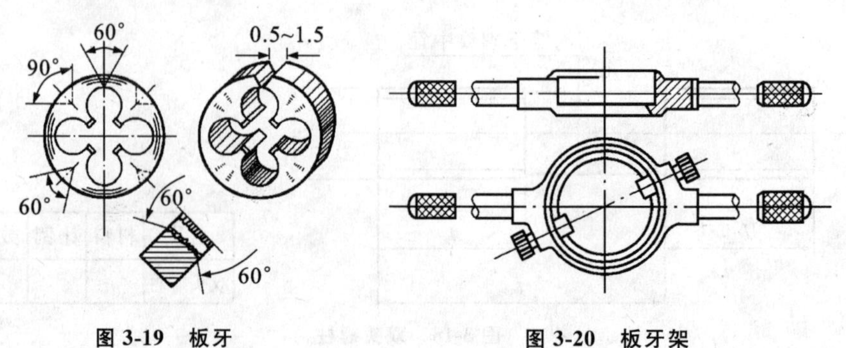

图 3-19 板牙　　图 3-20 板牙架

板牙架是装夹板牙用的工具，其结构如图 3-20 所示。板牙放入后，用螺钉紧固。

2. 套螺纹操作

与攻螺纹一样，用板牙套螺纹的切削过程中也同样存在挤压作用。套螺纹操作示意如图 3-21 所示。

图 3-21　套螺纹操作

套螺纹用的圆杆直径应小于螺纹大径，其直径尺寸可通过下式计算得出

$$d_{杆} = d - 0.13P$$

式中：$d_{杆}$ 为圆杆直径；d 为螺纹大径；P 为螺距。

我们一起总结套螺纹应注意的问题：

三、螺纹连接

螺纹最重要的应用就是连接，即通过螺纹连接件将几个不同的零件连接成一个整体。

1. 常用螺纹连接件

(1)螺栓如图 3-22(a)所示，常见的六角头螺栓在工程图样上如图 3-22(b)所示。

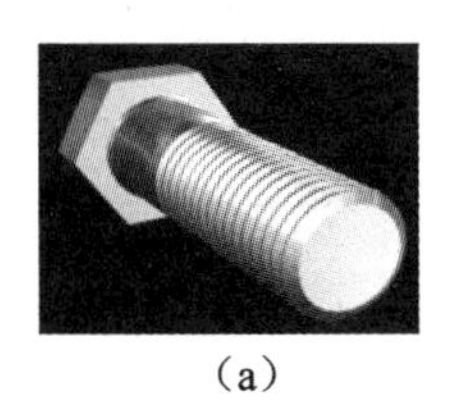

(a)

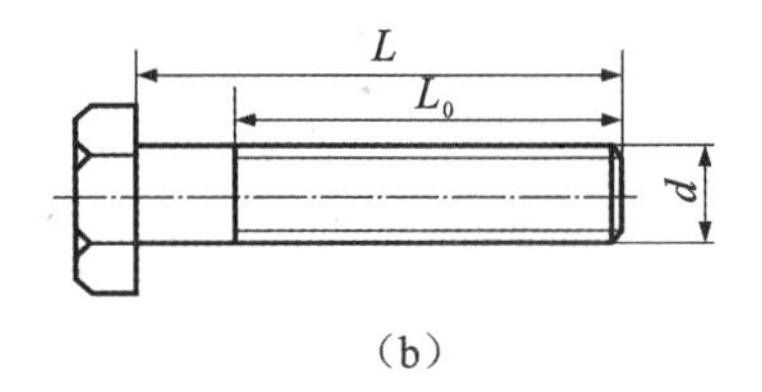

(b)

图 3-22　六角头螺栓

(2)双头螺柱如图 3-23(a)所示，在工程图上如图 3-23(b)所示。

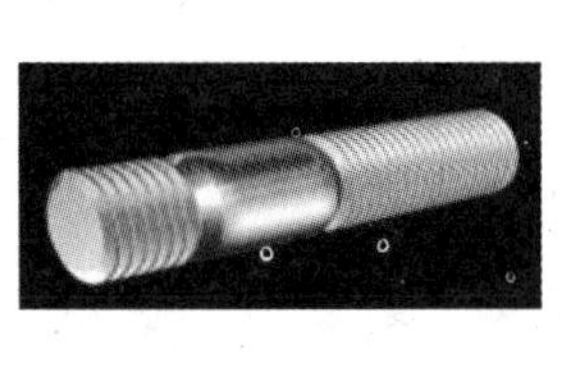

(a)

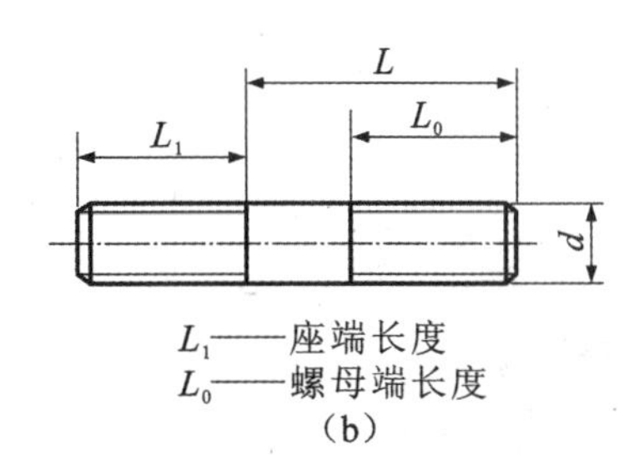

L_1——座端长度
L_0——螺母端长度

(b)

图 3-23　双头螺柱

在图 3-24 中填写螺钉的名称。

(3)螺钉,主要有连接螺钉和紧定螺钉两种,如图 3-24 所示。

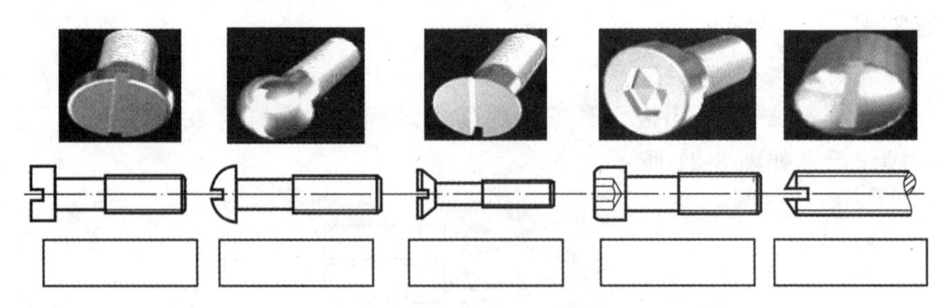

图 3-24 螺钉

在图 3-25 中填写螺母的名称。

(4)螺母,主要配合螺栓及双头螺柱使用,如图 3-25 所示。

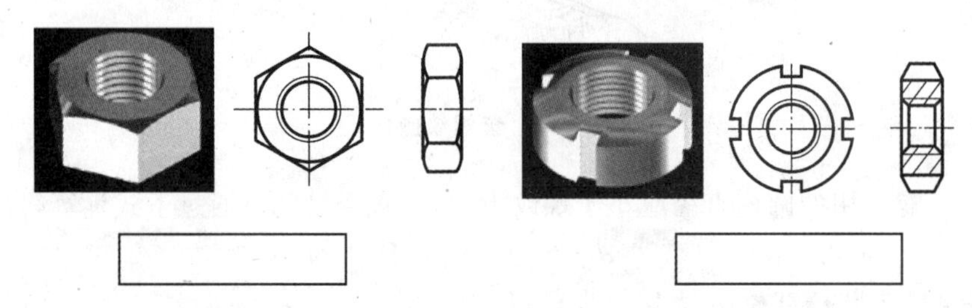

图 3-25 螺母

在图 3-26 中填写垫圈的名称。

(5)垫圈,增大螺母与被连接件的接触面积,降低支撑面的挤压应力,保护被连接件表面,使之免于刮伤,如图 3-26 所示。

图 3-26 垫圈

2. 螺纹连接

台虎钳中应用到了哪几种螺纹连接类型?

螺纹连接的具体类型如表 3-6 所示。

表 3-6 连接类型

类型	连接图例	作用	身边实例

续表

类型	连接图例	作用	身边实例

	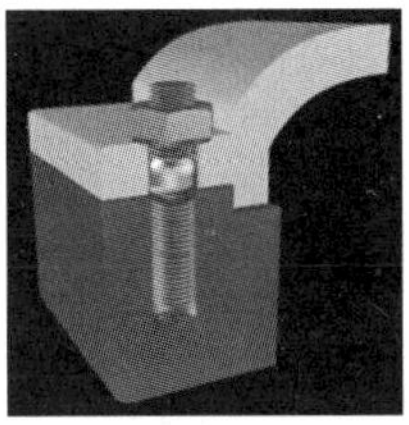		

3. 防松处理

在装配时，螺纹连接都必须拧紧，以增强连接的可靠性、紧密性和防松能力。但即使这样，螺纹连接也还会松脱，需要其他方法进行防松处理。

常见的螺纹防松处理方法如表 3-7 所示。

表 3-7 防松措施

图例	名称	特点及应用

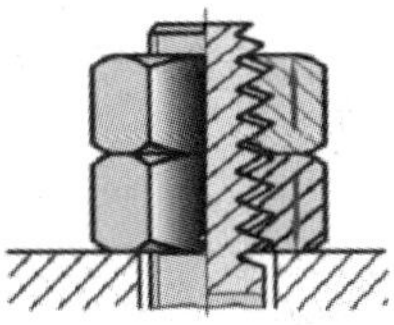		

续表

图 例	名 称	特点及应用
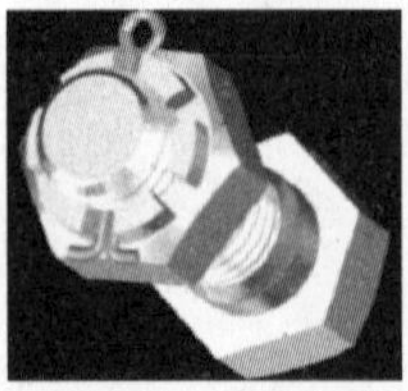		
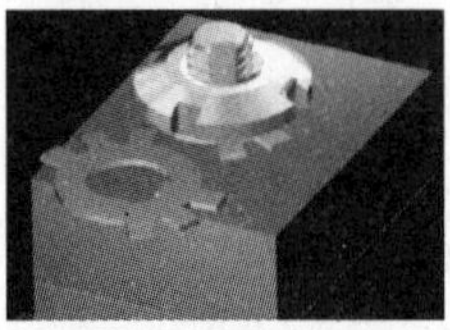		
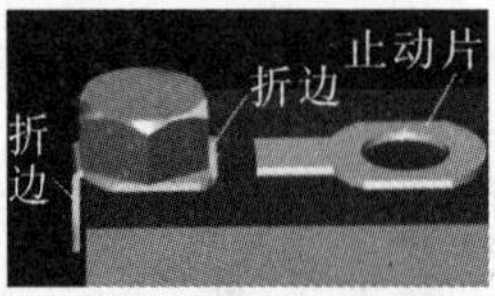 止动片 折边 折边		
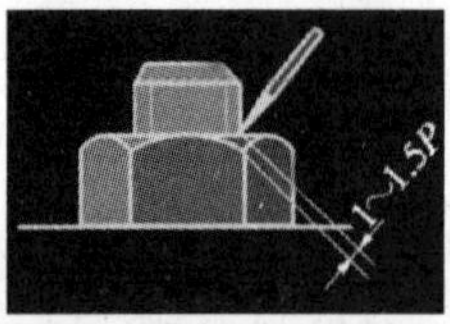 1~1.5P		
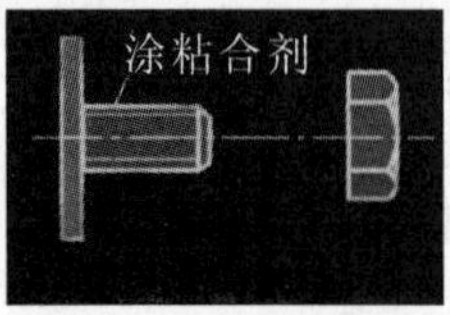 涂粘合剂		
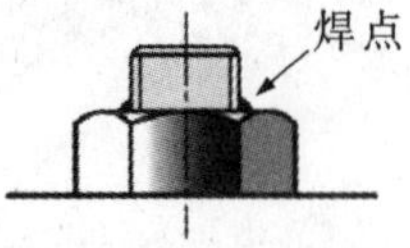 焊点		
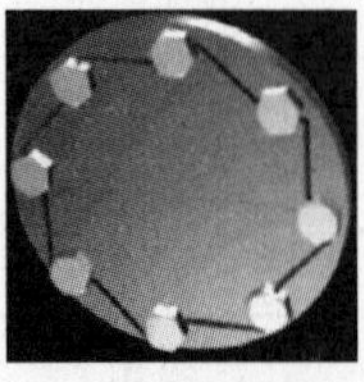		

师生一起分析本零件的加工步骤。

四、分析加工步骤

(1)检查坯料。

(2)锉削倒角。

(3)套螺纹。

(4)去毛刺。

五、检测及评分

师生一起分析讨论，完成表 3-8 所示的检测评分表中检测内容、配分及评分标准的制订。

表 3-8　检测评分表

检测内容	配分	评 分 标 准	自我检测	教师检测
总　　分				
存在的主要问题				

第三步：我会操作

认真进行操作训练，加工零件，并用文字或图片的形式记录下自己的操作过程，填在表 3-9 中。

教师巡视，如发现问题，则针对问题及时进行个别辅导或者全班讲解、演示，进行更正。

表 3-9 操作过程

序号	工 序	主要加工步骤(可以画图)	注 意 事 项
	下料		

完成作品后，先对照评分表自我检测，然后上交作品，由教师检测，进行个别讲解，得出本次操作的最后得分。

第四步:我能总结

学生分组讨论，交流操作心得，并选部分同学在全班交流。

通过本次任务的实训操作和学习，自己最大的收获是：

第五步:我想知道

拓展知识:常用的连接方式

连接:将两个或两个以上的物体接合在一起的组合结构。

1. 键连接

键连接:用来实现轴和轮毂(如齿轮、带轮)之间的周向固定，并用来传递运动和转矩的连接，有些还可以实现轴上零件的轴向固定或轴向位移，如表3-10所示。

表 3-10 键连接

图 例	名 称	特点及应用
间隙 工作面 轴		
固定螺钉 起键螺孔		
工作面		
安装时用力打入 工作面		

2. 销连接

销连接应用如表 3-11 所示。

表 3-11 销连接

图例	名称	特点及应用

项目四

小锤子的制作

项目描述

通过运用铣床加工锤头和运用车床加工锤柄，使同学们初步了解铣床和车床的加工工艺。

学习目标

(1)了解铣床的使用方法，能操作铣床铣削平面。

(2)了解车床的使用方法，能操作车床车削外圆和端面。

(3)通过强调正确使用铣床和车床操作，培养学生严谨的工作态度。

任务一 锤头的加工

任务目的

(1)了解铣床的使用方法。

(2)学会正确使用铣床铣削平面。

(3)认识常见的联轴器和离合器。

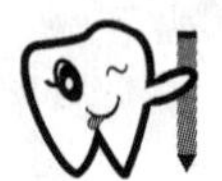

任务实施

第一步:我会看图

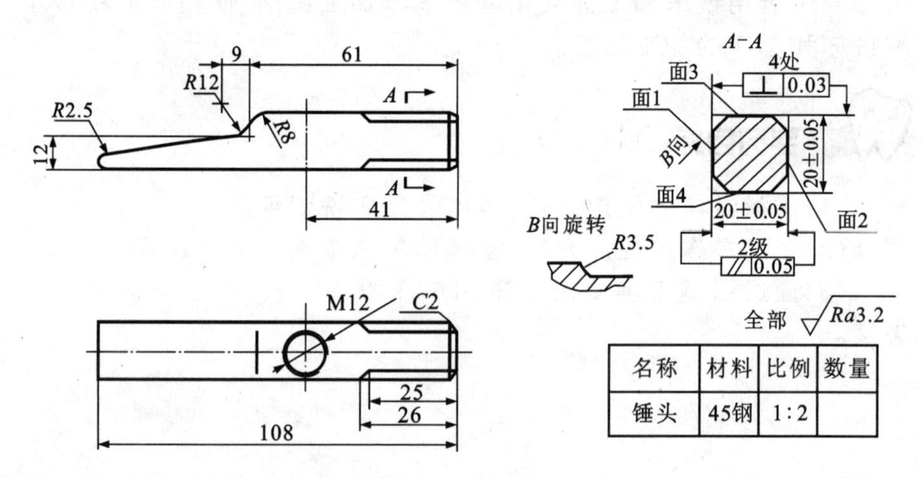

名称	材料	比例	数量
锤头	45钢	1:2	

图 4-1 锤头图样

分析图 4-1 所示的锤头零件图样,把握外形轮廓公称尺寸。

对锤头的结构认识:

(1)看标题栏:了解锤头材料是________,比例为________。

(2)分析视图:了解锤头的大致结构。

(3)分析尺寸和技术要求,如表 4-1 所示。

表 4-1 尺寸及含义

项目	代 号	含 义	说 明
尺寸公差			

续表

项目	代　　号	含　　义	说　　明
尺寸公差			
几何公差			
表面粗糙度			

第二步:我会准备

一、加工所需工量具及材料

(1)工具:________________。

(2)量具:________________。

(3)材料:________________。

二、铣削加工

1.认识铣床

1)铣床的组成

(1)如图 4-2 所示,对照实物认识立式升降台铣床的主要组成部分,明白其功用。

填写图 4-2 所示铣床的组成部分的名称。

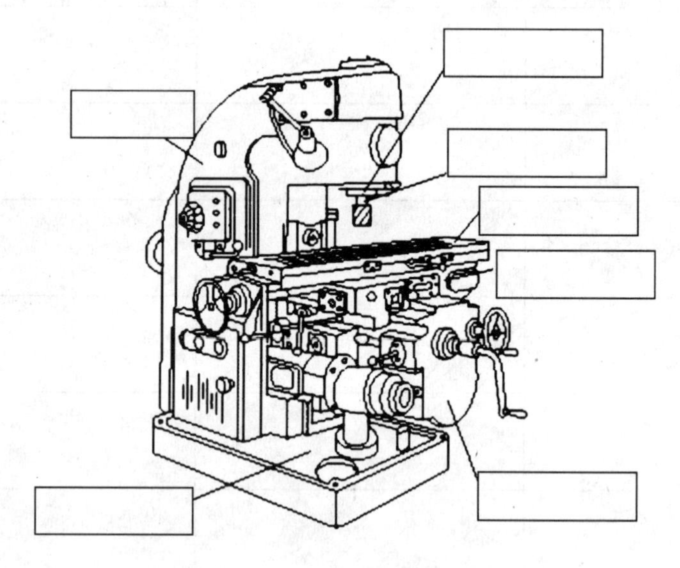

图 4-2 铣床

(2)认识铣床的主要操作手柄,知道手柄的作用。

工作台纵向进给手柄:________________。

工作台横向进给手柄:________________。

工作台垂直方向进给手柄:________________。

2)铣床的安全操作

铣床工作时主轴高速旋转,安全操作尤为重要,铣床的安全操作规程主要分为五个方面,请结合老师的讲授,自己进行总结。

(1)防护用品的穿戴:

(2)铣床操作前的检查:

(3)防止铣刀切伤：

(4)防止切削损伤：

(5)安全用电：

2. 认识铣刀

在铣床加工中，铣刀旋转为主运动，工件或铣刀的移动为进给运动。可加工平面、台阶面、沟槽、成形面等，多刃切削效率高，如图 4-3 所示。

在图 4-3 中填写各种铣刀的名称。

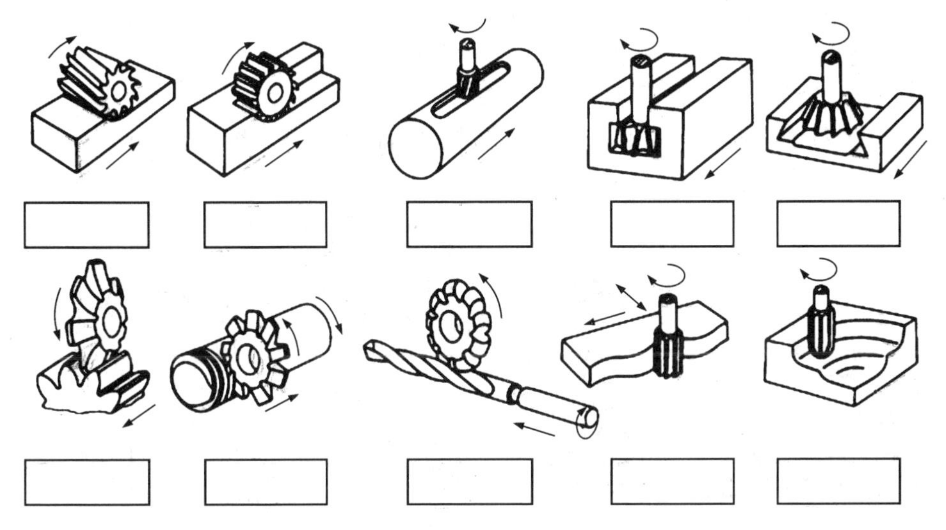

图 4-3　铣刀切削

由于锤头零件加工的平面较小，主要使用直柄立铣刀加工，下面简单介绍直柄立铣刀，如图 4-4 所示。

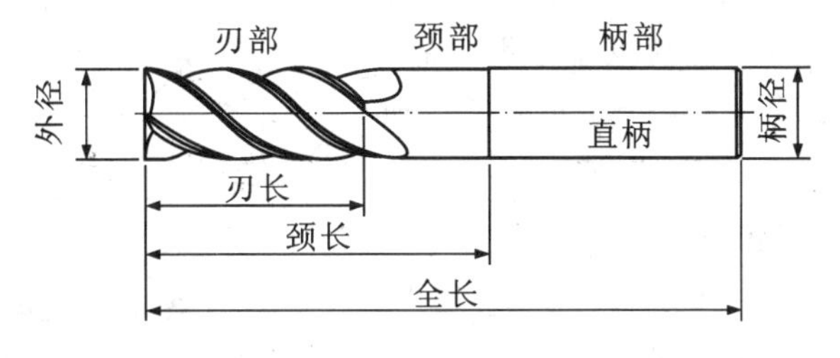

图 4-4　直柄立铣刀

直柄立铣刀的形状基本上如图 4-4 所示，由刃部、安装在机床上的柄部以及连接刀刃与刀柄的颈部三部分组成。直柄立铣刀一般采用弹簧夹头安装，安装如图 4-5 所示。图中，件 1 为__________，件 2 为__________，件 3 为

__________，件 4 为__________。

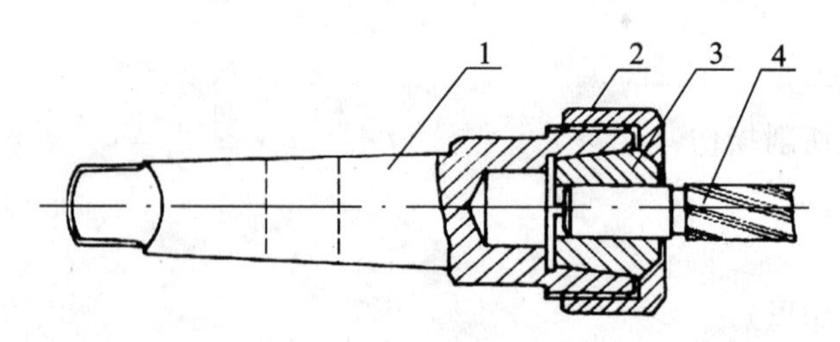

图 4-5 直柄立铣刀装夹

3. 正确铣削平面和斜面

（1）铣削参数。

背吃刀量 a_P：平行于铣刀轴线测量的切削层尺寸。

侧吃刀量 a_e：垂直于铣刀轴线测量的切削层尺寸。

进给量 f：指铣刀每转过一圈时，工件与铣刀的相对位移量，单位为 mm/r。

铣削速度 $v_c = \pi dn/1000$，d 为铣刀直径。

（2）铣削平面的方式如图 4-6 所示，铣削斜面的方式如图 4-7 所示。

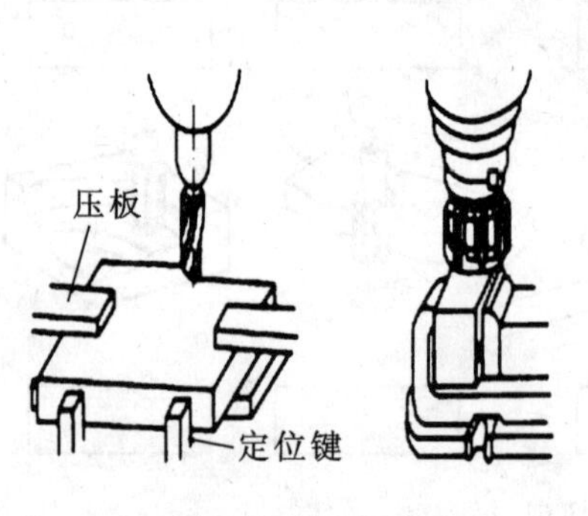

图 4-6 铣削平面

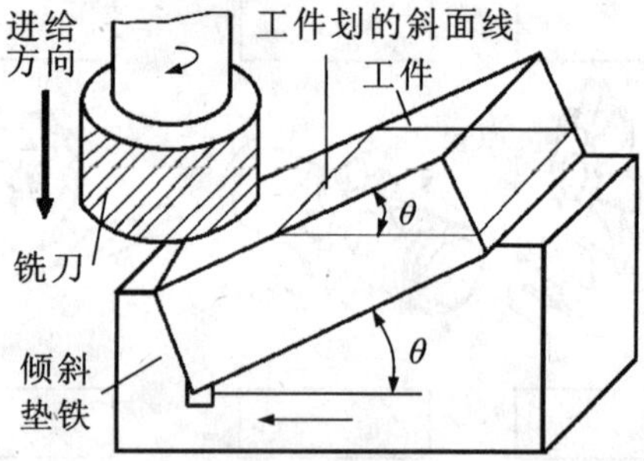

图 4-7 铣削斜面

三、工件装夹

工件装夹主要采用平口钳装夹。在装夹的过程中，当工件高度不够时，需要在工件下面适当放置垫铁，如图 4-8 所示。

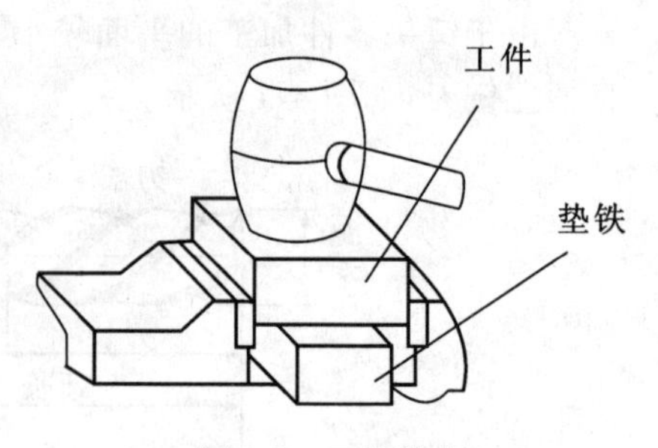

图 4-8 工件装夹

师生一起分析本零件的加工步骤。

四、分析加工步骤

（1）检查坯料。

（2）下料，锯削长度为 110mm。

（3）锉削两端端面，保证长度 108mm。

（4）在端面划线 20×20 正方形，然后在圆钢表面划线。

（5）先铣削面 1。

（6）铣削面 1 的对面面 2，保证长度尺寸。

(7)以面1和面2为装夹面,铣削面3和面4,保证垂直度。

(8)铣削斜面。

(9)锉削加工。

(10)划孔的中心线,并钻孔。

(11)攻螺纹M12。

(12)去毛刺,检测。

五、检测及评分

师生一起分析讨论,完成表4-2所示的检测评分表中检测内容、配分及评分标准的制订。

表4-2　检测评分表

检测内容	配分	评分标准	自我检测	教师检测
总　　分				
存在的主要问题				

第三步:我会操作

认真进行操作训练,加工零件,并用文字或图片的形式记录下自己的操作过程,填在表4-3中。

教师巡视,如发现问题,则针对问题及时进行个别辅导或者全班讲解、演示,进行更正。

表4-3　操作过程

序号	工　序	主要加工步骤(可以画图)	注意事项

续表

序号	工　序	主要加工步骤(可以画图)	注意事项

完成作品后,先对照评分表自我检测,然后上交作品,由教师检测,进行个别讲解,得出本次操作的最后得分。

第四步:我能总结

学生分组讨论,交流操作心得,并选部分同学在全班交流。

通过本次任务的实训操作和学习,自己最大的收获是:

第五步:我想知道

拓展知识:联轴器和离合器

(1)联轴器和离合器的功用都是:

(2)它们的区别主要在于:

(3)常见的联轴器如表 4-4 所示。

表 4-4 常见联轴器

图　例	名　称	特点及应用
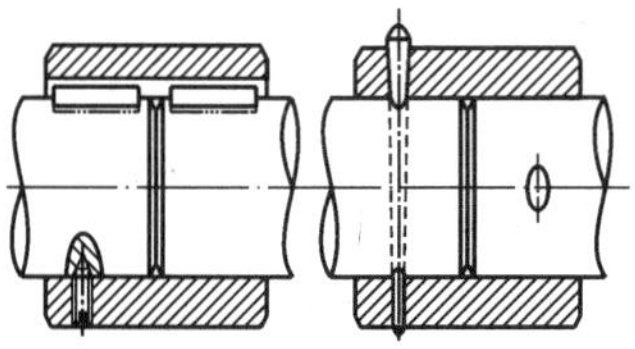		

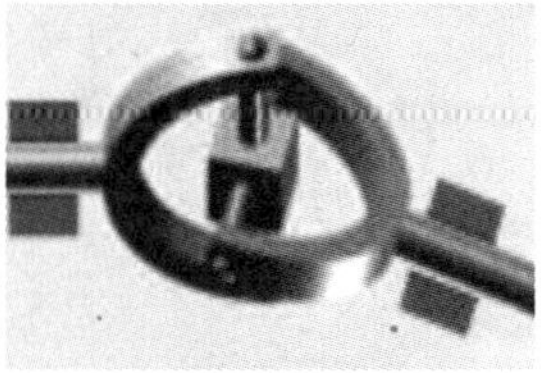		

(4)常见的离合器如表 4-5 所示。

表 4-5 常见的离合器

图　例	名　称	特点及应用

续表

图　　例	名　称	特点及应用
摩擦片 操纵环		

任务二　锤头的热处理

任务目的

(1)了解常用表面热处理工艺。

(2)学会采用火焰加热的方法进行表面热处理。

(3)了解常见的热处理工艺。

任务实施

第一步:我会看图

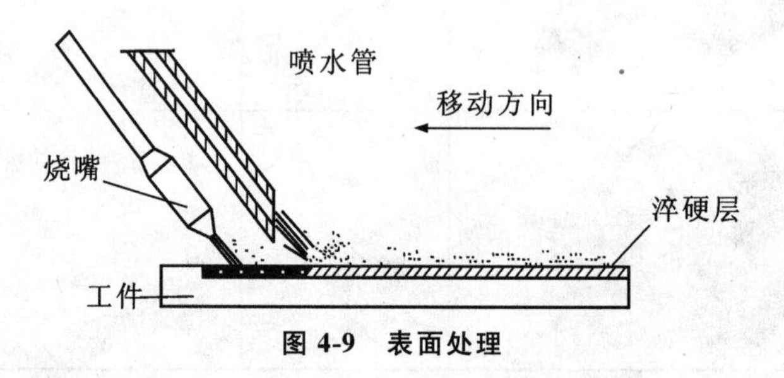

图 4-9　表面处理

图 4-9 所示的是用火焰给工件表面加热,然后冷却,从而使工件表面得到一层淬硬层,以提高工件表面的硬度。这是一种热处理工艺——火焰加热表面热处理。在本任务中我们将对锤头实施这种表面热处理,以提高锤头的硬度。

第二步:我会准备

一、加工所需工量具及材料

(1)工具:＿＿＿＿＿＿＿＿＿＿＿＿＿＿＿＿＿＿＿＿＿＿＿＿＿＿＿＿＿＿。

(2)量具:＿＿＿＿＿＿＿＿＿＿＿＿＿＿＿＿＿＿＿＿＿＿＿＿＿＿＿＿＿＿。

(3)材料:＿＿＿＿＿＿＿＿＿＿＿＿＿＿＿＿＿＿＿＿＿＿＿＿＿＿＿＿＿＿。

二、表面淬火设备

(1)火焰加热表面淬火是将高温火焰喷向工件表面,使工件表面层迅速加热到淬火温度,然后快速冷却的一种表面淬火方法。火焰淬火最常用的是氧-乙炔、天然气、煤气或其他可燃气体的混合气体。其中氧-乙炔燃烧温度最高,可达 3150℃。

表面火焰淬火的主要设备:喷枪、喷嘴(或称烧嘴,喷头)、乙炔发生器和氧气瓶。

乙炔火焰分为焰心、还原区和全燃区三部分。还原区的温度最高(一般距焰心顶端 2～4mm 处温度最高),在操作时应利用________加热工件。

(2)如表 4-6 所示,根据喷嘴与零件相对运动情况,火焰淬火的方法可以分为四种。

表 4-6 火焰淬火方法

图 例	名 称	特点及应用
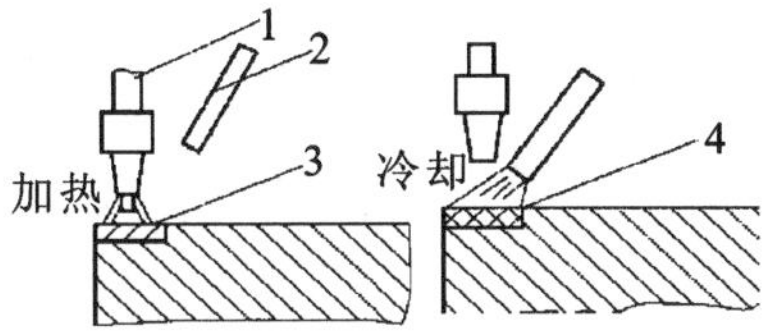 1 2 3 4 加热 冷却		
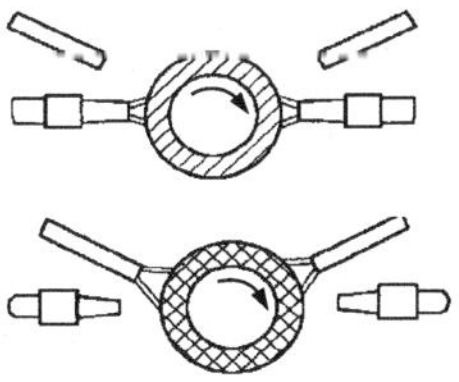		
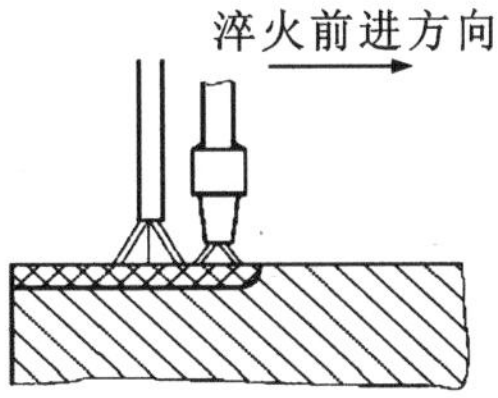 淬火前进方向		
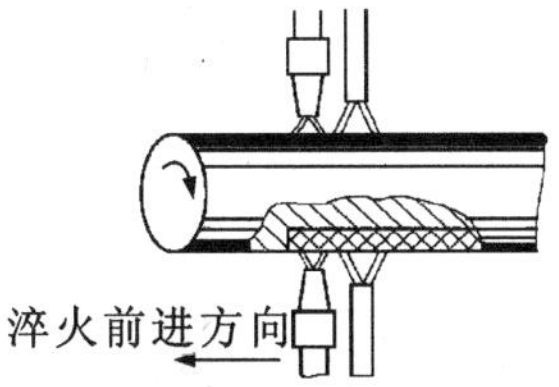 淬火前进方向		

三、火焰淬火的操作步骤

(1)对淬火部位预先进行认真的清理和检查,淬火部位不允许有脱碳层、氧化皮、砂眼、气孔、裂纹等缺陷。

(2)根据工件淬火部位及技术要求选择合适的喷嘴。

(3)淬火前应仔细检查氧气瓶、乙炔发生器、导管等是否正常。

(4)确定氧气和乙炔的流量和工作压力(一般氧气压力为0.12～0.4MPa;乙炔压力为0.03～0.12MPa,氧气与乙炔的混合比为1～1.2)。

(5)确定喷嘴与工件的距离是控制淬火温度的方法之一。喷嘴和工件表面的距离一般为6～15mm,工件直径大,则距离应适当减小;钢的含碳量较高时,喷嘴与表面间的距离应远。

(6)使用前进法或联合法时,喷嘴移动速度由淬硬层深度、钢的成分及工件与喷嘴之间距离大小所决定,一般在50～150mm/min之间。

(7)选择冷却剂的种类。含碳量在0.6%以下的碳钢可用水淬冷却,含碳量大于0.6%的碳钢或含铬及锰的低合金钢,可用30℃～40℃水或者0.1%～0.5%聚乙烯醇水溶液作为冷却介质。

(8)工作时,先开少量的乙炔,点燃后再开大乙炔并调整氧气,当氧气与乙炔的混合比为1.2时得到火焰为中性焰。

(9)工作完后,先关氧气,再关乙炔,待熄灭后再开少量氧气吹出烧嘴中的剩余气体,最后再关掉氧气。

四、火焰淬火的注意事项

(1)在火焰淬火前,工件一般要进行预先热处理,通常是正火或调质处理,以保证心部的强度和韧性。

(2)火焰淬火温度比普通淬火温度要高,一般取880℃～950℃。淬火时的加热温度通常凭经验掌握,并通过调整喷嘴移动速度来控制。

(3)合金钢零件、铸钢件和铸铁件进行火焰表面淬火时,由于材料的导热性差,形成裂纹的可能性较大,必须在淬火前进行预热。

(4)淬火后工件必须立即进行回火,以消除应力,防止开裂。回火温度根据硬度的要求而定,一般为180℃～200℃,回火保温时间为1～2h。

五、火焰淬火适用范围

火焰加热表面淬火适用范围广,淬火表面部位几乎不受限制,因此在冶金、矿山、机车制造等重型机械中应用广泛,如滚轮、齿轮、偏心轮、凸轮轴等均可采用火焰淬火方法处理。

师生一起分析本零件的加工步骤。

六、分析加工步骤

(1)打开乙炔阀门,点火。

(2)打开氧气阀门,并调节火焰到合适状态。

(3)加热工件。

(4)先关掉氧气阀门。

(5)关掉乙炔阀门。

(6)迅速将工件投入到冷水中冷却。

七、检测及评分

师生一起分析讨论,完成表4-7所示的检测评分表中检测内容、配分及评分标准的制订。

表 4-7　检测评分表

检测内容	配分	评 分 标 准	自我检测	教师检测
点火顺序				
熄火顺序				
火焰调节				
安全操作				
总　　分				
存在的主要问题				

第三步：我会操作

认真进行操作训练，并用文字或图片的形式记录下自己的操作过程，填在表 4-8 中。

表 4-8　操作过程

步骤	主要操作内容（可以画图）	主要操作方法

教师先演示操作，特别强调开关顺序。

教师巡视，如发现问题，则针对问题及时进行个别辅导或者全班讲解、演示，进行更正。

完成作品后，先对照评分表自我检测，然后上交作品，由教师检测，进行个别讲解，得出本次操作的最后得分。

第四步：我能总结

学生分组讨论，交流操作心得，并选部分同学在全班交流。

通过本次任务的实训操作和学习，自己最大的收获是：

第五步：我想知道

拓展知识：常见的热处理工艺

钢的热处理分为整体热处理和表面热处理，其工艺、特点和应用如表 4-9 所示。整体热处理是对工件整体进行穿透加热，常用的方法有退火、正火、淬火和回火。表面热处理是指为改变工件表面的组织和性能，仅对工件表层进行的热处理工艺。

表 4-9 热处理工艺

热处理工艺		特 点	应 用
整体热处理	退火		
	正火		
	淬火		
	回火		
表面热处理	表面淬火		
	化学热处理		

任务三　锤柄的制作

任务目的

(1)了解车床的使用方法。

(2)学会正确使用车床加工外圆和端面。

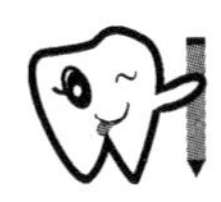

任务实施

第一步:我会看图

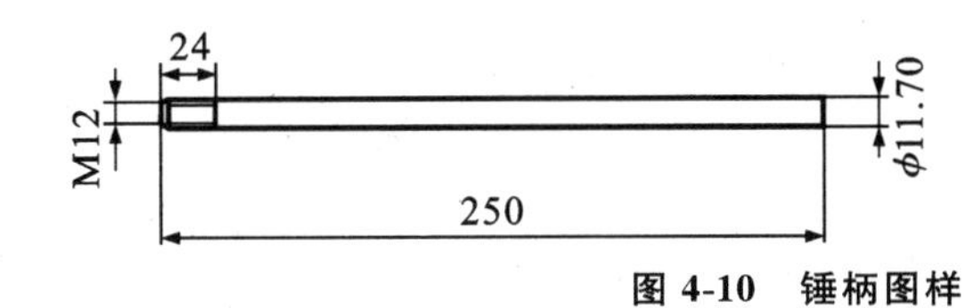

名称	材料	比例	数量
锤柄	45钢	1:2	

图 4-10　锤柄图样

分析图 4-10 所示的锤柄的零件图样,把握外形轮廓公称尺寸。

(1)看标题栏:了解锤柄材料是________。

(2)分析视图:了解锤柄的大致结构。

(3)分析尺寸和技术要求如表 4-10 所示。

对锤柄的结构认识:

表 4-10　尺寸及含义

项目	代　号	含　　义	说　　明
尺寸公差			

第二步:我会准备

一、加工所需工量具及材料

(1)工具:____。

(2)量具：____。

(3)材料：____。

二、车削加工

1. 认识车床

请同学们认真指出车床(见图 4-11)的各个组成部分，并明白它的功用。

丝杆是起什么作用的？

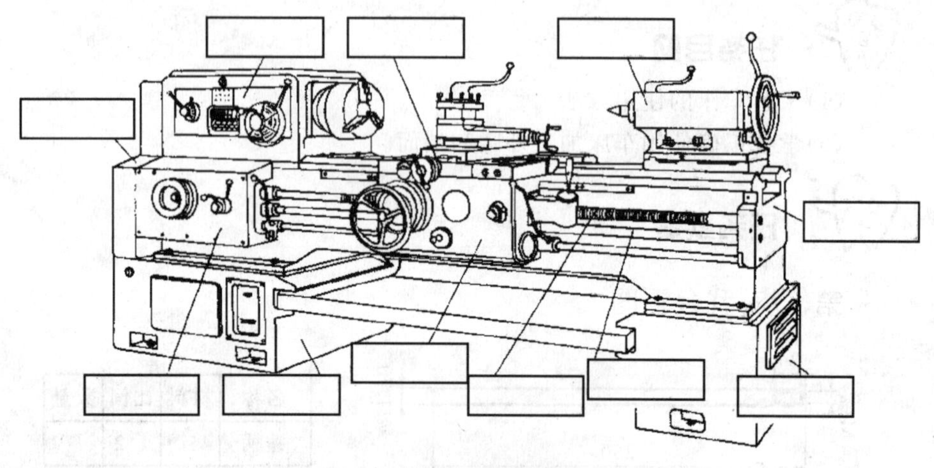

图 4-11　车床组成部分

车削加工就是在车床上用车刀从金属材料(毛坯)上切去多余的部分，使获得的零件具有符合要求的几何形状、尺寸精度及表面粗糙度的加工过程。

车削的主运动是工件的旋转运动，进给运动是刀具的移动，移动方向若平行于主轴轴线称纵向进给，若垂直于主轴轴线称横向进给。

车床可以加工内外圆柱面、圆锥面、平面、内外螺纹成形表面、沟槽、切断、钻孔、铰孔、滚花、滚压等，如图 4-12 所示。

请在图 4-12 中进行填写。

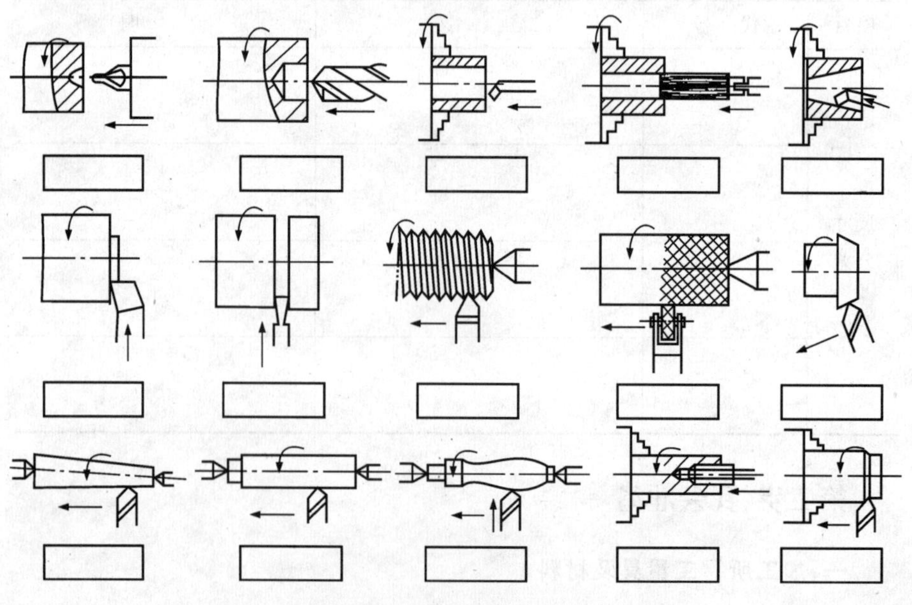

图 4-12　车床的作用

车床的安全操作和铣床的一样重要，我们有了操作铣床的经验，相信对车床的安全操作也有了一定的认识，请同学们与老师一起认真总结，以利于我们的安全操作。

每个生产班次都要对车床进行相关的润滑和清洁整理，运行600h应进行一级保养，车床保养以操作工人为主，维修工人配合进行。

2.认识车刀

由于车削加工的内容不同，必须采用不同种类的车刀。常用车刀如图4-13所示。

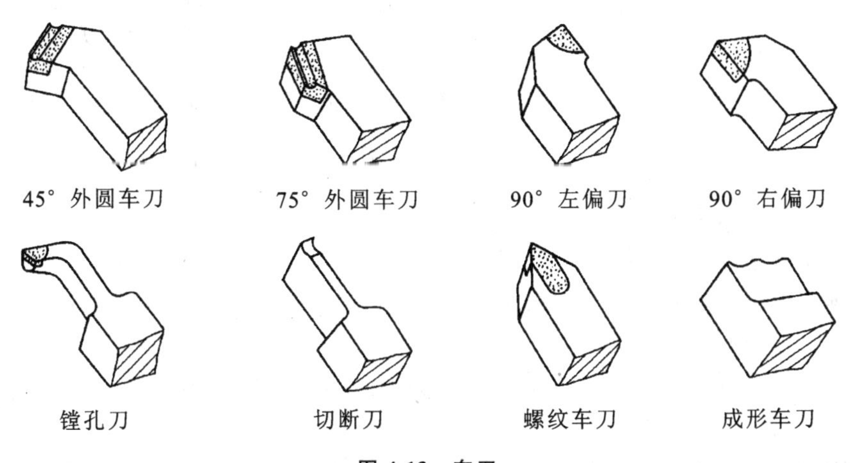

图 4-13 车刀

1)车刀的刀头

车刀一般是在碳素合金钢的刀体上焊接硬质合金刀片而成。装夹部分称为刀体。切削部分称为刀头。刀头由三面、两刃、一尖组成，如图4-14所示。

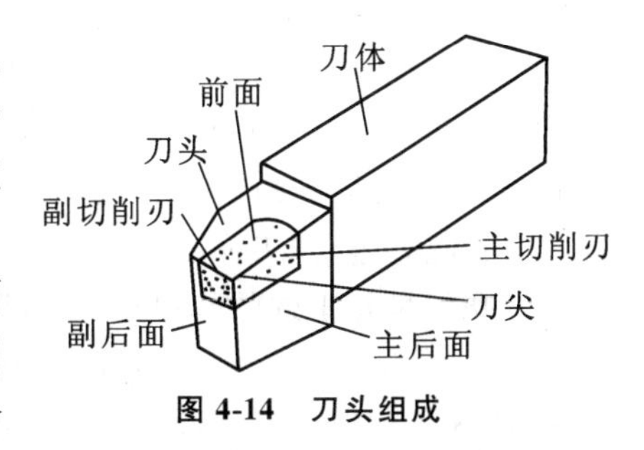

图 4-14 刀头组成

车刀刃磨的一般顺序是：磨后刀面→磨副后刀面→磨前刀面→磨刀尖圆弧。车刀刃磨后，还应用油石细磨各个刀面。这样，可有效地提高车刀的使用寿命和降低工件表面的粗糙度值。

2)车刀的装夹

车刀的正确安装是非常重要的，它直接影响着加工质量和正常加工状态，如图 4-15 所示，正确装夹车刀的要点如下：

(1)车刀的刀尖应与车床主轴的回转轴线等高。

(2)车刀刀柄应与车床主轴的回转轴线垂直。

(3)车刀在刀架上的伸出长度一般不超过刀柄高度的两倍，否则刀具刚度下降，车削时容易产生振动。

(4)垫刀片要平整，并与刀架对齐。垫片数量一般以 2～3 片为宜，太多会降低刀柄与刀架接触刚度。

(5)车刀位置放好后，应交替拧紧刀架上的紧固螺丝。最后，还应检查车刀在工件的加工极限位置时是否会产生运动干涉或碰撞。

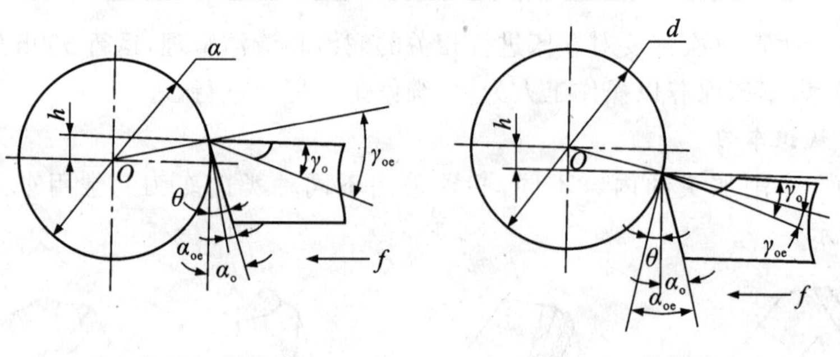

图 4-15 车刀装夹

3. 切削三要素

切削速度、切削深度(吃刀深度)、走刀量(进给量)称为切削用量三要素。合理选择三要素对提高工件表面的加工质量可以起到事半功倍的效果。

1)切削速度

工件上待加工表面的圆周速度称切削速度，单位为 m/min，有

$$v_c = \pi Dn/1000$$

式中：D 为工件待加工表面的直径(mm)；n 为车床主轴每分钟转数，单位 r/min。

切削速度表示切削刃相对于工件待加工表面的运动速度。在实际生产中，往往需要根据工件的直径来计算确定主轴的转速有

$$n = 1000v_c/\pi D$$

粗车时，一般选用中等或中等偏低的速度，如取 50～70m/min(切钢)，40～60m/min(切铸铁)；精车时，切削速度选 100m/min 以上，或 6m/min 以下。

2)背吃刀量(吃刀深度)

背吃刀量是工件的待加工面与已加工面之间的半径差，用 a_p 表示，有

$$a_p = (D-d)/2$$

式中：D 为工件待加工表面的直径(mm)；d 为工件已加工表面的直径(mm)。

背吃刀量表示每次走刀时车刀切入工件的深度。在中等功率的机床上，粗车时一般选 8～10mm，半精车时一般选 0.5～5mm，精车时取 0.2～1.5mm。

3)走刀量(进刀量)

工件每转一周,车刀沿进给方向(纵向)的移动量称为走刀量。它是表示辅助运动(走刀运动)大小的参数。粗车时一般取 0.3～0.8mm/r,精加工一般取 0.1～0.3mm/r,切断时一般取 0.05～0.2mm/r。

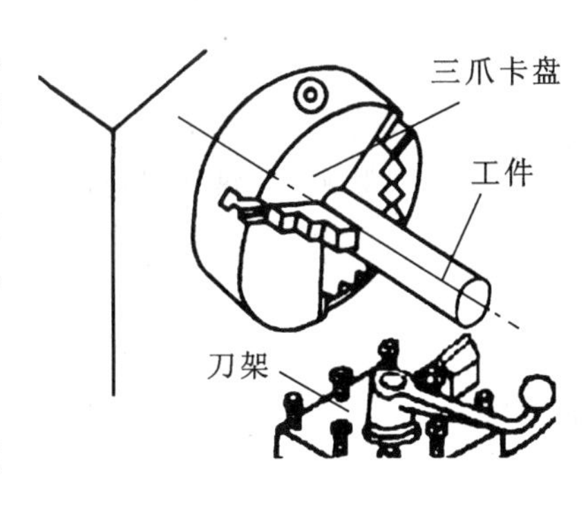

图 4-16 三爪卡盘装夹

4. 工件装夹

本任务中主要采用三爪卡盘装夹工件,如图 4-16 所示。

5. 车削端面

开动车床使工件旋转,移动大滑板或小滑板控制切削深度,然后锁紧大滑板,摇动中滑板手柄进给,由工件外缘向中心或由工件中心向外缘车削,如图 4-17 所示。

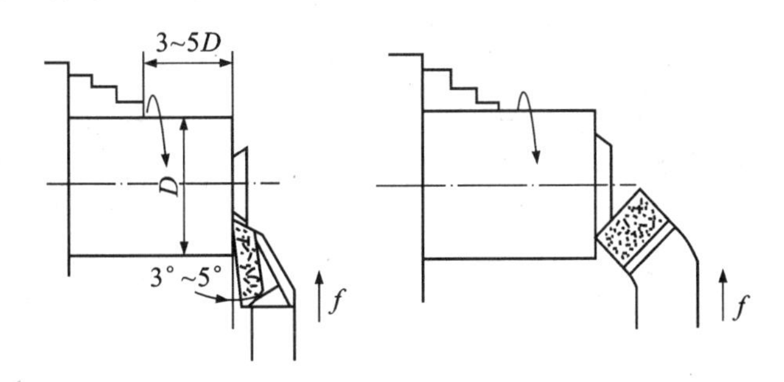

图 4-17 车削端面

6. 车削外圆

移动大滑板至工件右端,用中滑板控制切削深度,摇动大滑板或小滑板纵向移动车外圆,如图 4-18 所示,一次进给车削完毕,中滑板横向退出车刀,再纵向移动车刀至工件的右端面进行第二、第三次进给车削,直至符合图样要求为止。

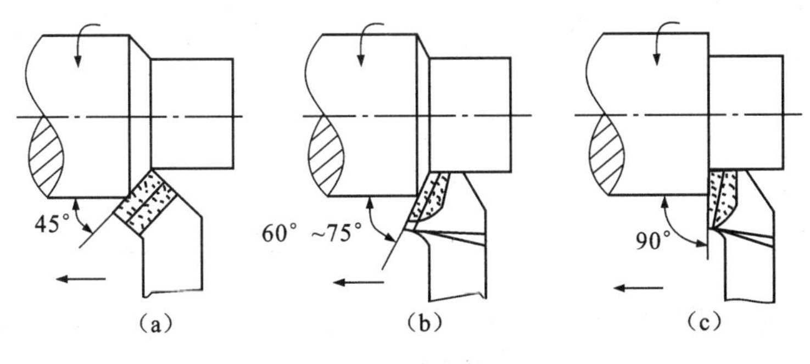

图 4-18 车削外圆

师生一起分析本零件的加工步骤。

三、分析加工步骤

(1)检查坯料。

(2)装夹 ϕ16 圆钢,卡盘外只露出 50mm,车削端面。

(3)掉头装夹,卡盘外只露出 50mm,车削端面,保证 250mm 长度尺寸。

(4)重新装夹,卡盘外露出 150mm,车削外圆到尺寸 ϕ11.7mm。

(5)车削倒角。

(6)换装夹,卡盘外露出 130mm,车削外圆到尺寸 ϕ11.7mm,注意两段外圆的接头。

(7)车削倒角。

(8)套螺纹 M12。

(9)去毛刺,检测。

四、检测及评分

师生一起分析讨论,完成表 4-11 所示的检测评分表中检测内容、配分及评分标准的制订。

表 4-11 检测评分表

检测内容	配分	评 分 标 准	自我检测	教师检测
总 分				
存在的主要问题				

第三步:我会操作

认真进行操作训练,加工零件,并用文字或图片的形式记录下自己的操作过程,填入表 4-12 中。

表 4-12 操作过程

序号	工　序	主要加工步骤(可以画图)	注意事项

教师巡视，如发现问题，则针对问题及时进行个别辅导或者全班讲解、演示，进行更正。

完成锤柄加工后，先对照评分表自我检测，然后与锤头组装后，上交作品，由教师检测，进行个别讲解，得出本次操作的最后得分。

第四步：我能总结

通过本次任务的实训操作和学习，自己最大的收获是：

学生分组讨论，交流操作心得，并选部分同学在全班交流。

第五步：我想知道

拓展知识：试切法加工方法

工件在车床上装夹以后，要根据工件的加工余量决定走刀次数和每次走刀的切深。半精车和精车时，为了准确地确定切削深度，保证工件加工的尺寸精度，只靠刻度盘来进刀是不行的。因为刻度盘和丝杆都有误差，往往不能满足半精车和精车的要求，这就需要采用试切的方法。

试切的方法与步骤如下：

(1)开车对刀，使车刀与工件表面轻微接触；

(2)向右退出车刀；

(3)横向进刀；

(4)切削纵向长度 1～3mm；

(5)退出车刀，进行度量。

以上是试切的一个循环，如果尺寸还大，仍按以上的循环进行试切，如果尺寸合格了，就按确定下来的切削深度将整个表面加工完毕。操作步骤如图 4-19 所示。

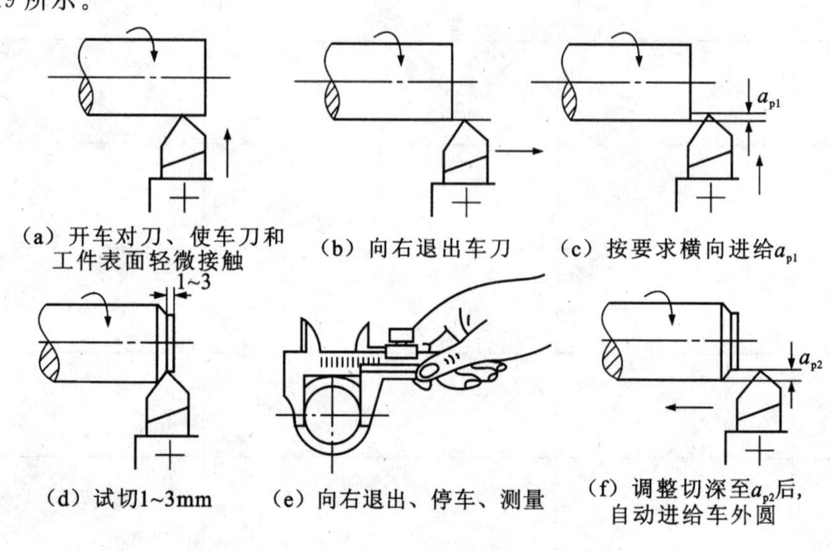

(a) 开车对刀、使车刀和工件表面轻微接触 (b) 向右退出车刀 (c) 按要求横向进给a_{p1}

(d) 试切1~3mm (e) 向右退出、停车、测量 (f) 调整切深至a_{p2}后，自动进给车外圆

图 4-19 试切及加工

项目五

小台钳的手工制作

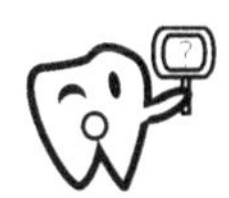

项目描述

通过对台虎钳的仿制而进行小台钳的制作，把机械拆装、钳工划线、锯削、锉削、钻孔、攻螺纹等钳工加工技能融合其中，可以激发学生的学习兴趣。制作好的小台钳在生活中可以进行小零件的装夹，而且还是一个小工艺品。通过产品的制作，也使学生对手工制作的过程有了一个全面的了解。

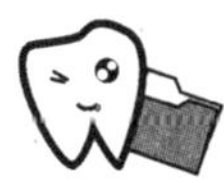

学习目标

(1)掌握钳工常用工具在产品制作过程中的作用；

(2)能进行简单的机械零件的拆装；

(3)培养严格遵守钳工安全规程的良好习惯，培养耐心细致的工作作风和严肃认真的工作态度，提高专业素质。

任务一 拆装钳工台虎钳

任务目的

(1)了解常用的拆装工具,了解正确的机械拆装过程。

(2)掌握台虎钳的主要组成部分及作用,掌握台虎钳中所应用到的机械基础知识——螺纹传动和螺纹连接。

任务实施

第一步:我会看图

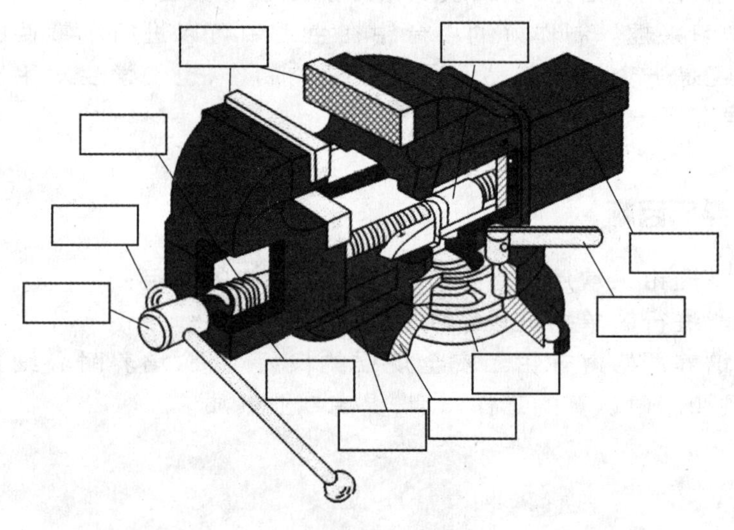

图 5-1 台虎钳

台虎钳是钳工操作的重要设备。松开手柄,可以发现台虎钳上部分可以自由转动,这种台虎钳属于回转式的台虎钳。除此以外,还有一种固定式的台虎钳,不能旋转。对照图 5-1,在台虎钳中指出相应组成部分,并填写在图中,熟悉回转式台虎钳的组成,为顺利拆装台虎钳打下基础。

第二步:我会准备

一、工作原理

活动钳身通过与固定钳身的导轨孔作滑动配合,丝杠装在活动钳身上,可以旋转,但不能轴向移动,并与安装在固定钳身内的丝杠螺母配合。若转动手柄使丝杠旋转，就可以带动活动钳身相对于固定钳身作轴向移动，起夹紧或放松工件的作用。弹簧借助挡圈和开口销固定在丝杠上，其作用是当放松丝杠时，可以使活动钳身退出。在固定钳身和活动钳身上，各装有钢制钳口，并用螺钉固定。

钳口的工作面上制有交叉网纹，它的作用是什么？

固定钳身装在转盘座上，并能绕转盘座轴心线转动，当转到要求的方向时，转动夹紧手柄使夹紧螺钉旋紧，便可在夹紧盘的作用下把固定钳身固紧。转盘座上有三个螺栓孔，用于与钳工工作台固定。

二、机械拆装知识

机械零件的拆装是机械装配和检修的一个重点训练内容。

1. 拆装的工作内容

拆装的工作内容及步骤如表 5-1 所示。

表 5-1 拆装的步骤和内容

工作步骤	工作内容
拆卸前的准备工作	研究和熟悉装配图的技术条件，了解产品的结构和零件的功用，以及相互连接关系
	明确拆装目的，制订方案和准备所需的工具
清洗	去除零件表面或部件中的粉尘、油污及机械杂质等
拆装	“从上到下，从外到里”，先拆外部、上部机件，后拆内部、下部机件
	先拆完整部件，再分解部件中的零件
	安装顺序和拆卸相反，即先拆的后装，后拆的先装
装配调整	校正产品中各相关零部件间的相互位置，并适当调整，达到装配精度要求
装配后的检验和实验	装配完毕，根据技术标准和规定，对产品进行较全面的检验和实验工作

2. 常用拆装工具

在拆装中，我们常用的拆卸工具如表 5-2 所示。

表 5-2 拆卸工具

图例	工具名称	作用

填写表 5-2 中的工具名称和作用。

续表

图　例	工具名称	作　用

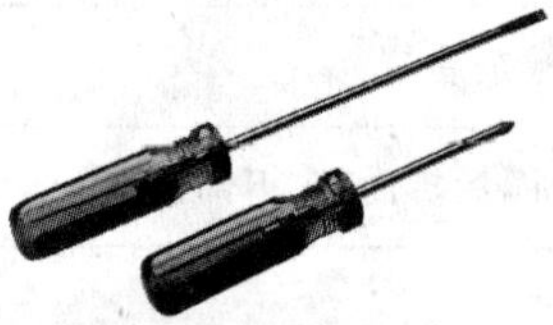		

3. 拆卸注意事项

(1)拆卸中严格遵守技术安全操作规程，按照正确的拆卸顺序进行。要正确地使用工具，同时要避免不必要的拆卸，即做到该拆的必须拆，能不拆的就不拆。

(2)机器拆卸工作，应按其结构的不同，预先考虑好操作顺序，以免先后顺序倒置。

把你认为最重要的、容易出错的地方写出来，作为对自己的提醒。

(3)在拆卸时，不能因为贪图省事，对零部件进行猛拆猛敲，造成零件的损伤或变形。拆卸时，必须辨别清楚零件的旋松方向。

(4)拆下来的零部件必须有次序、有规则地放好，并按原来结构套在一起，配合件上做好记号，以免搞乱。

(5)注意清洁、防尘、防锈。

拆卸中一定要注意拆卸步骤和要求，遵守注意事项。

三、检测及评分

师生一起分析讨论，完成表 5-3 所示的检测评分表中检测内容、配分及评分标准的制订。

表 5-3 检测评分表

检测内容	配分	项目及要求	自我检测	教师检测
1	30	拆卸台虎钳(顺序正确,排列有序)		
2	20	清理零部件(擦洗干净,丝杆、螺母涂润滑油安装)		
3	30	装配台虎钳(安装后,使用灵活)		
4	20	遵守实训室工作场地规章制度和安全文明要求,清洁整理有序		
总 分				
存在的主要问题				

第三步,我会操作

一、拆卸

拆卸台虎钳,并记录下自己的拆卸过程,填在表 5-4 中。

表 5-4 拆卸过程

拆 卸 步 骤	零件拆卸顺序及编号	零件名称

续表

拆卸步骤	零件拆卸顺序及编号	零件名称

二、装配

1. 清洗、润滑

看着工作台上一个个分立的零部件，我们是不是有了一种成就感，可是拆卸后更重要的工作不能忘了，这就是零部件的清洗、润滑和必要的除锈，这是我们进行装配的前提，这样可以使我们装配好的机械设备看起来有焕然一新的感觉。请大家用刷子刷去零件表面沾附的灰尘、铁屑及油污等杂质，并对运动件的接触表面涂润滑油。

2. 装配

在表 5-5 中写下自己装配的顺序。

表 5-5　装配顺序

步　骤	1	2	3	4	5	6
内　容						
步　骤	7	8	9	10	11	12
内　容						
步　骤	13	14	15	16		
内　容						

第四步：我能总结

通过本次任务的实训操作和学习，自己最大的收获是：

学生分组讨论，交流操作心得，并选部分同学在全班交流自己的拆装步骤。

第五步：我想知道

拓展知识：机械装配

1. 机械装配的重要性

机械装配就是按照设计的技术要求实现机械零件或部件的连接，把机械零件或部件组合成机器。机械装配是机器制造和修理的重要环节，特别是对机械修理来说，由于提供装配的零件有利于机械制造时的情况，更使得装配工作具有特殊性。装配工作的好坏对机器的效能、修理的工期、工作的劳力和成本等都起着非常重要的作用。

2. 装配的基本内容

装配工作应该由一系列装配工序以理想的作业顺序来实现。常见的基本装配作业有以下内容。

1)清洗

清洗的目的是去除零部件表面或内部的油污和机械杂质。常见的清洗方法有擦洗、浸洗、喷洗和超声波清洗等。清洗工艺的要素包括清洗液类型(常用的有煤油、汽油、碱液及各种化学清洗液)、工艺参数(如温度、压力、时间)以及清洗方法。清洗工艺的选择要根据工件的清洗要求、零件材料、批量、油污和机械杂质的性质及粘附情况等因素来确定。此外,零件经清洗后应具有一定的中间防锈能力。

清洗工作对保证和提高机器的装配质量、延长产品的使用寿命具有重要意义,特别是对轴承、密封件、精密配合件、润滑系统等机器的关键部件尤为重要。

2)连接

装配过程中有大量的连接工作。连接方式一般可以分为可拆卸连接和不可拆卸连接两种。

可拆卸连接:相互连接的零、部件在连接时不损坏任何零件,拆卸后还可以重新连接。常见的可拆卸连接有螺纹连接、键连接及销钉连接,其中以螺纹连接应用最为广泛。螺纹连接的质量与装配工艺有很大关系,应根据被连接零、部件的形状和螺栓的分布、受力情况,合理确定各螺栓的紧固力以及多个螺栓间的紧固顺序和紧固力的均衡等要求。

不可拆卸连接:被连接零、部件在使用过程中是不拆卸的,如要拆卸则往往会损坏某些零件。常见的不可拆卸连接有焊接、铆接和过盈连接等,其中过盈连接多用于轴、孔配合。实现过盈连接常用压入配合、热胀配合和冷缩配合等方法。一般机器可以用压入配合法,重要或精密的机器可以用热胀、冷缩配合法。

3)校正、调整和配作

校正指相关零、部件之间相互位置的找正、找平作业,一般用在大型机械的基体件的装配和总装配中。常用的校正方法有平尺校正、角尺校正、水平仪校正、拉钢丝校正、光学校正及激光校正,等等。

调整指相关零、部件之间相互位置的调节作业,调整可以配合校正作业,保证零、部件的相对位置精度;还可以调节运动副内的间隙,保证运动精度。

配作指配钻、配铰、配刮和配磨等作业,是装配过程附加的一些钳工和机械加工作业。配刮是关于零、部件表面的钳工作业,多用于运动副配合表面精加工。配钻和配铰多用于固定连接。只有经过认真地校正、调整,确保有关零、部件的准确几何关系之后,才能进行配作。

4)平衡

旋转体的平衡是装配精度中的重要要求,尤其是对于转速较高、运转平稳要求较高的机器,对其中的回转零、部件的平衡要求更为严格。有些机器需要在产品总装后在工作转速下进行整机平衡。

平衡方法可以分为静平衡法和动平衡法。静平衡法可以消除静力不平衡;动平衡法除消除静力不平衡外,还可以消除动力不平衡。一般的旋转体可以作为刚体进行平衡，其中直径较大、宽度较小者可以只作静平衡。对长径比较大的零、部件需要作动平衡，其中工作转速为一阶临界转速的75%以上的旋转体，应作为挠性旋转体进行动平衡。

对旋转体的不平衡质量，可以用补焊、铆接、胶结或螺纹连接等方法来加配质量；用钻、铣、磨、锉、刮等手段来去除质量；还可以在预制的平衡槽内改变平衡块的位置和数量。

5)验收实验

在组件、部件及总装过程中，在重要工序的前后往往需要进行中间检验。总装完毕后，应根据要求的技术标准和规定，对产品进行全面的检验和实验。

各类机械产品检验、实验的内容、方法不尽相同。金属切削机床的验收工作通常包括机床几何精度检验、空运转实验、负荷实验、工作精度检验及噪声和温升检验，等等。汽车发动机的检验内容一般包括重要的配合间隙，零件之间的位置精度和结合状况检验，等等。大型动力机械的总装工作一般在专门的试车台架上进行，有详尽的试车规程。

除上述内容外，油漆、包装也属于装配作业范畴，零、部件的转移往往是装配中必不可少的辅助工作。

任务二　设计小台钳

任务目的

(1)掌握根据样品进行仿制改进的一般方法；学会小组合作与交流的学习方法。

(2)能运用简单的图例来表达自己的想法；学会用整体的思想来看待问题、思考问题，增强自己的空间想象能力。

任务实施

第一步：我会看图

图 5-2　小台钳样品

作为仿制，一定要明确我们制造的小台钳至少能完成台虎钳的最基本的功能。

图 5-2 所示的四幅图是不同样式的小台钳。通过看这些图，可以让我们明确自制的小台钳的样式及所必须能完成的功能，如果仿制的小台钳不能像台虎钳一样工作，那我们的制作就是不成功的。

观察这四种不同样式的小台钳的结构，弄清小台钳的工作原理。

工作原理可以简洁地描述如下：

(1)活动钳身通过与固定钳身的导轨孔作滑动配合，只能沿导轨方向作__________移动。

(2)丝杠装在活动钳身上，可以______，但不能轴向移动，并与安装在固定钳身内的__________配合。若摇动手柄使丝杠旋转，就可以带动__________相对于__________作轴向移动，起__________或__________工件的作用。

(3)对于回转式小台钳，固定钳身可以绕__________转动。

(4)整个小台钳能__________在工作台上。

第二步：我会准备

一、小台钳的功能

从上面可知，我们仿制的小台钳一定要满足的功能是：

(1)必须有活动钳身、固定钳身、丝杠和丝杠螺母组成的传动，能固定在工作台上的__________；

(2)活动钳身只能作__________移动，能与固定钳身一道__________工件；

(3)螺旋传动机构能带动活动钳身__________移动。

二、小台钳的设计

分小组讨论，合作研究小台钳的设计。

在上面的思路引领下，请 4～6 名同学组成小组，分小组讨论，各自想出自己的实现方法，并在小组中交流，形成小组统一的方案，同时要求能画出简单的设计图。在这一过程中，同学们可以通过网络查阅资料。讨论结束后，各组选派一名代表参与班级交流。

你怎么想的，应该是个什么样子，用图把它表示出来。

三、交流讨论心得

每个小组推选一位代表报告本组的设计想法。

综合同学们的想法，我们对小台钳的设计有了一个较为清晰的思路。主要表现在以下几点：

(1)固定钳身和活动钳身简化为两块__________状的小铁板；

(2)螺旋传动机构由一个较长的__________和一个固定在底座上的带有

__________孔的小铁板组成；

(3)我们设计的小台钳底座不能旋转，简化为一块铁板，在上面安装固定钳身、活动钳身、带螺纹孔的固定板，为了底座能固定在工作台上，在底座上加工出两个能安放固定螺栓的耳槽；

(4)对于让活动钳身能沿着一定的方向做__________移动，我们也可以试着用__________来控制。

第三步：我会操作

一、画出设计图

按照同学们交流的心得，独自进行仿制小台钳的设计，并把自己设计的小台钳用简单的图表现出来。

二、交流设计图

同学之间分组交流设计图。

三、模型图

师生结合交流，综合出示一个模型图，如图5-3所示。

在图5-3中把小台钳的各个组成部分标注出来。

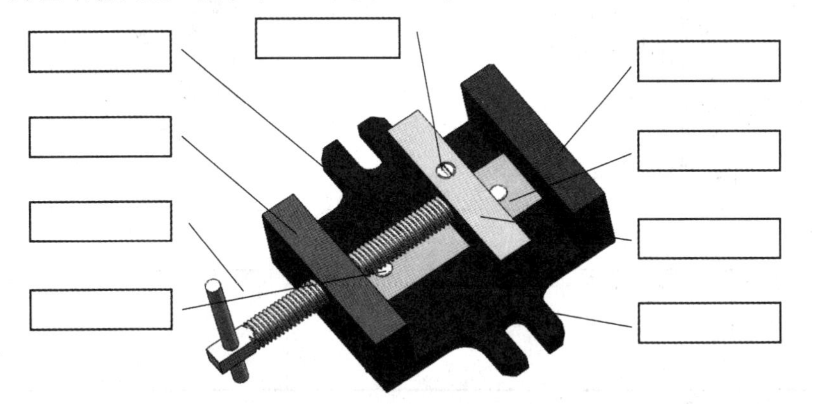

图5-3　模型图

第四步：我能总结

和老师、同学们一起确定了小台钳的仿制、设计工作，在这个实施过程中，自己最大的收获是：

第五步：我想知道

拓展知识：螺旋传动

描述一下丝杆及其配合螺母的的运动情况。

在台虎钳拆装实训中，认识了丝杆和丝杆配合螺母，请同学们想象它们在台虎钳中起到了什么作用？

像这种利用螺旋副来传递运动（或动力）的机械传动就是螺旋传动，它可以方便地把主动件的回转运动转变为从动件的直线运动。螺旋传动具有结构简单，工作连续、平稳，承载能力强，传动精度高等优点，广泛应用于各种机械和仪器中。

1. 普通螺旋传动

普通螺旋传动的示例如表 5-6 所示，我能写出它们的名称和特点。

表 5-6 普通螺旋传动示例

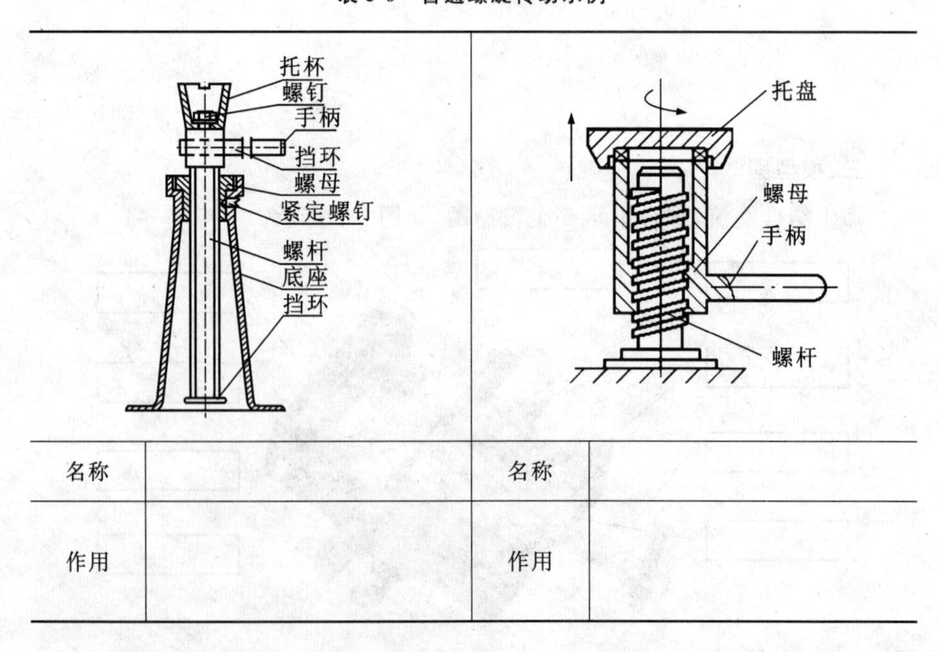

名称		名称	
作用		作用	

续表

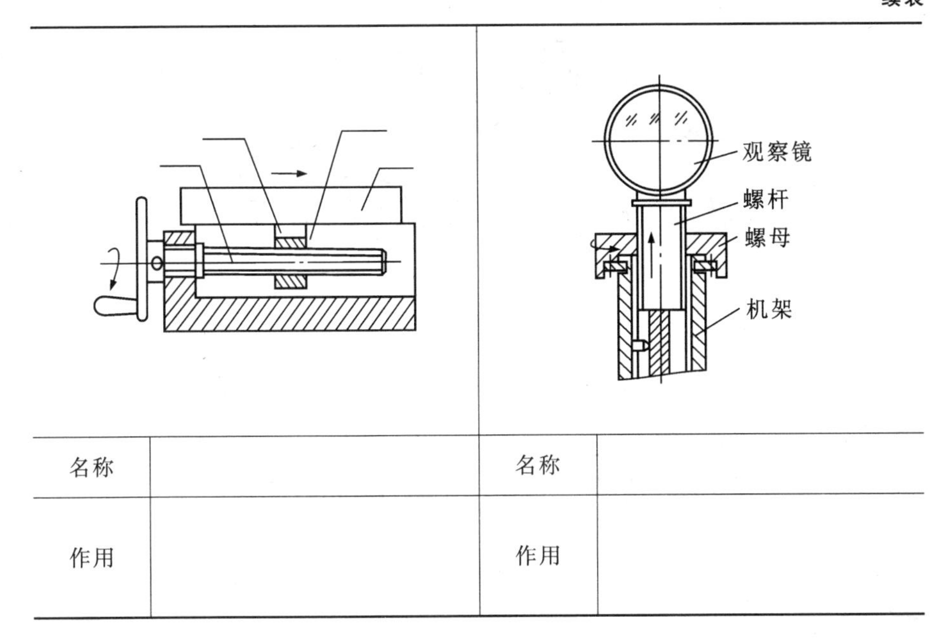

名称		名称	
作用		作用	

2. 差动螺旋传动

差动螺旋传动是由两个螺旋副组成的使活动的螺母与螺杆产生差动(即不一致)的螺旋传动。差动螺旋传动机构可以产生极小的位移,而其螺纹的导程并不需要很小,加工较容易,如图 5-4 所示。

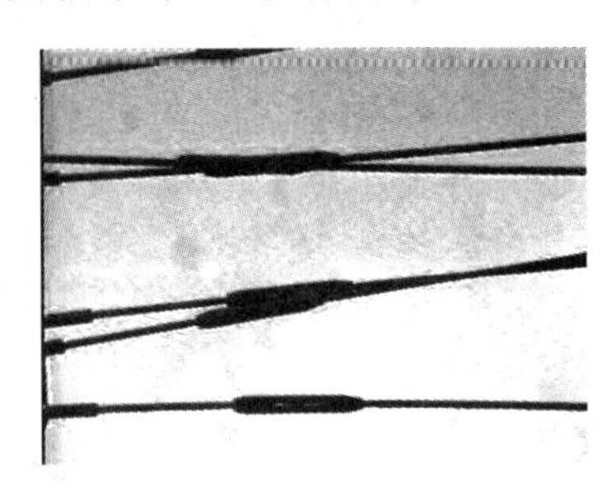
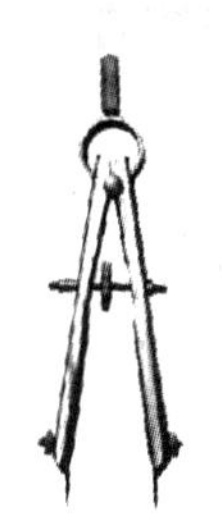

图 5-4　差动螺旋传动

3. 滚珠螺旋传动

在我们以后操作实训时,会使用到数控车床,数控车床上有一个很重要的装置——滚珠丝杠,就使用了滚珠螺旋传动机构。滚珠螺旋的螺杆和螺母的螺纹滚道间置有适量的钢球,转动时钢球为中间滚动体,沿螺纹滚道滚动,变螺杆和螺母的相对运动为滚动磨擦,使螺旋副的传动效率高达 98%,如图 5-5 所示。

有关传动机构的知识,我们在后面还将学习到齿轮传动机构、带传动机构和链传动机构。

如果你对这些感兴趣,可以在网上查阅,先行了解,也是一种很好的学习方法。

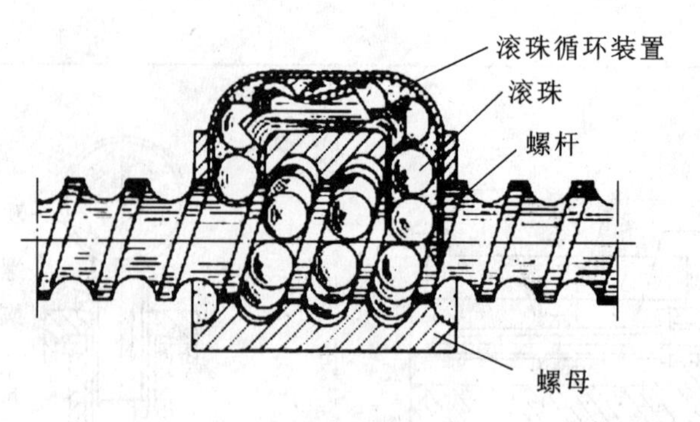

图 5-5 滚珠螺旋传动

任务三 固定钳口的加工

任务目的

(1)掌握锯削工具的使用方法,学会正确使用锯削工具下料。

(2)掌握锉削工具的使用方法,学会正确使用锉削工具加工。

任务实施

第一步:我会看图

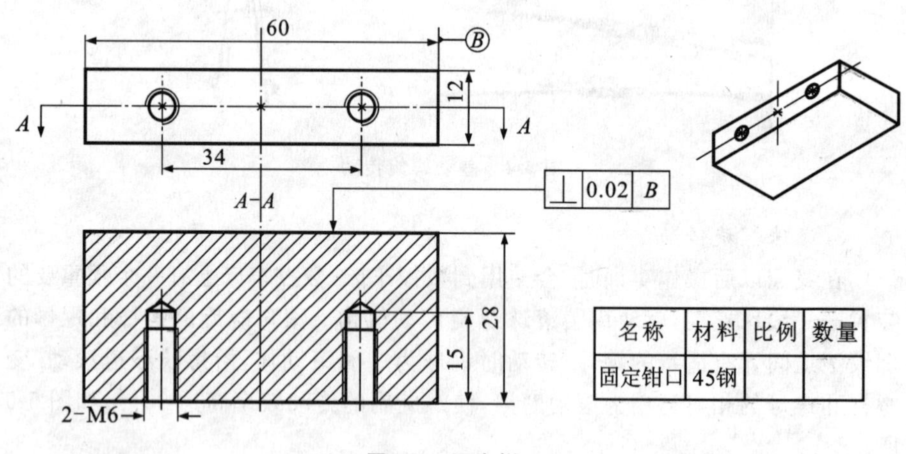

名称	材料	比例	数量
固定钳口	45钢		

图 5-6 固定钳口

分析图 5-6 所示的固定钳口的零件图样,把握外形轮廓公称尺寸。

对该零件的结构认识:

(1)看标题栏:了解这个零件的名称__________,材料是__________,比例为__________。

(2)分析视图:了解该零件的大致结构。

(3)分析尺寸和技术要求,如表 5-7 所示。

表 5-7　尺寸及含义

项目	代　号	含　义	说　明
尺寸公差			
几何公差			
表面粗糙度			

第二步:我会准备

一、加工所需工量具及材料

(1)工具:________________________________。

(2)量具:________________________________。

(3)材料:________________________________。

二、分析加工步骤

师生一起分析本零件的加工步骤。

(1)检查坯料。

(2)下料,锯削,留下的余量较小。

(3)划线。

(4)先锉削基准面。

(5)锉削另外两个面,保证长度尺寸。

(6)划出两孔的中心线,并打样冲眼。

钻孔直径多大?

(7)钻孔。

(8)攻螺纹。

(9)去毛刺。

三、检测及评分

师生一起分析讨论,完成表5-8所示的检测评分表中检测内容、配分及评分标准的制订。

表5-8 检测评分表

检测内容	配分	评分标准	自我检测	教师检测
总分				
存在的主要问题				

第三步:我会操作

认真进行操作训练,加工零件,并用文字或图片的形式记录下自己的操作过程,填在表5-9中。

表 5-9　操作过程

序号	工　序	主要加工步骤(可以画图)	注 意 事 项

教师巡视，如发现问题，则针对问题及时进行个别辅导或者全班讲解、演示，进行更正。

完成作品后，先对照评分表自我检测，然后上交作品，由教师检测，进行个别讲解，得出本次操作的最后得分。

第四步：我能总结

通过本次任务的实训操作和学习，自己最大的收获是：

学生分组讨论，交流操作心得，并选部分同学在全班交流。

第五步:我想知道

拓展知识:链传动

1. 链传动的原理

链传动由两轴平行的大、小链轮和链条组成,如图 5-7 所示。链传动与带传动有相似之处:链轮齿与链条的链节啮合,其中链条相当于带传动中的挠性带,但又不是靠摩擦力传动,而是靠链轮齿和链条之间的啮合来传动。因此,链传动是一种具有中间挠性件的啮合传动。

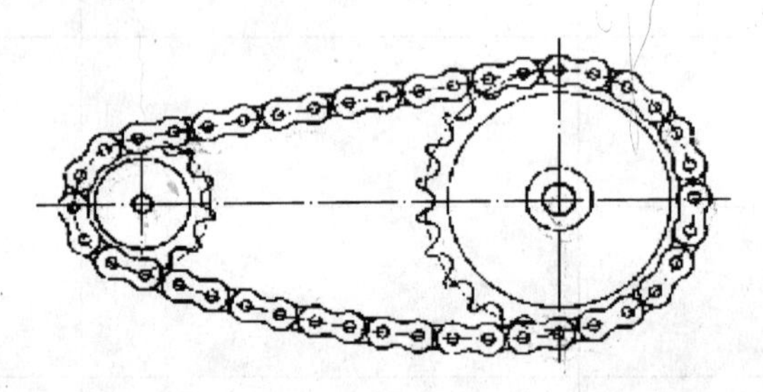

图 5-7 链传动

链的种类繁多,按用途不同可分为传动链、起重链和输送链等,按结构的不同可分为:套筒链、滚子链、弯板链和齿形链等。在一般机械传动装置中,常用链传动。

2. 链传动的特点和应用

主要优点:与摩擦型带传动相比,链传动无弹性滑动和打滑现象,因而能保持准确的传动比(平均传动比),传动效率较高(润滑良好的链传动的效率为97%~98%);又因链条不需要像带那样张得很紧,所以作用在轴上的压轴力较小;在同样条件下,链传动的结构较紧凑;同时链传动能在温度较高、有水或油等恶劣环境下工作。与齿轮传动相比,链传动易于安装,成本低廉;在远距离传动时,结构更显轻便。

主要缺点:运转时不能保持恒定传动比,传动的平稳性差;工作时冲击和噪音较大;磨损后易发生跳齿;只能用于平行轴间的传动。

链传动主要用在要求工作可靠,且两轴相距较远,工作条件恶劣,以及其他不宜采用齿轮传动的场合,如农业机械、建筑机械、石油机械、采矿、起重、金属切削机床、摩托车、自行车等。

3. 套筒滚子链

套筒滚子链相当于活动铰链,由滚子、套筒、销轴、外链板和内链板组成,如图 5-8 所示。

当链节进入、退出啮合时,滚子沿齿滚动,实现滚动摩擦,减小磨损。套筒与内链板、销轴与外链板分别用过盈配合(压配)固联,使内、外链板可相对回转。为减轻重量、制成 8 字形,亦有弯板。这样质量小、惯性小,使各横截面具有相等的抗拉强度。

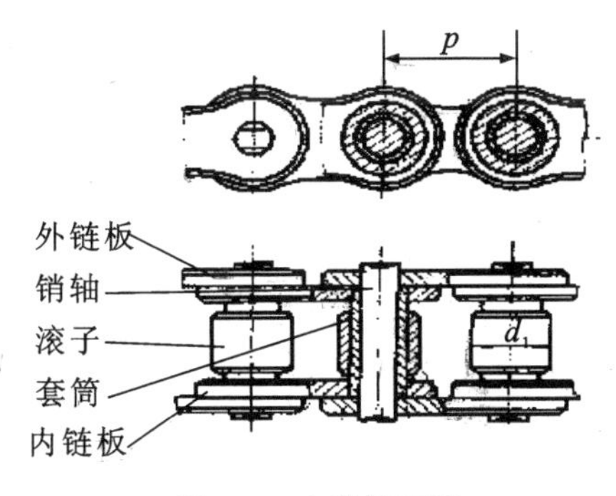

图 5-8　套筒滚子链

两销轴之间的中心距称为节距，用 P 表示。链条的节距越大，销轴的直径也可以做得越大，链条的强度就越大，传动能力越强。

4. 链传动的主要失效形式

链传动的失效主要表现为链条的失效，链条的失效形式主要有：

(1)链条疲劳破坏：链传动时，由于链条在松边和紧边所受的拉力不同，故链条工作在交变拉应力状态。经过一定的应力循环次数后，链条元件由于疲劳强度不足而破坏，链板将发生疲劳断裂，或套筒、滚子表面出现疲劳点蚀。

(2)链条冲击破断：对于因张紧不好而有较大松边垂度的链传动，在反复起动、制动或反转时所产生的巨大冲击，将会使销轴、套筒、滚子等元件不到疲劳时就产生冲击破断。

(3)链条铰链的磨损：链传动时，销轴与套筒的压力较大，彼此又产生相对转动，因而导致铰链磨损，使链的实际节距变长。从而发生爬高和跳齿现象，磨损是润滑不良的开式链传动的主要失效形式，造成链传动系统寿命大大降低。

(4)链条铰链的胶合：在高速重载时，销轴与套筒接触表面间难以形成润滑油膜，金属直接接触导致胶合。胶合限制了链传动的极限转速。

(5)链条的过载拉断：低速重载的链传动在过载时，因静强度不足而被拉断。

任务四　固定板的制作

任务目的

(1)知道图样上基准的意义，学习利用基准确定正确的加工步骤。

(2)掌握带传动的知识。

第一步：我会看图

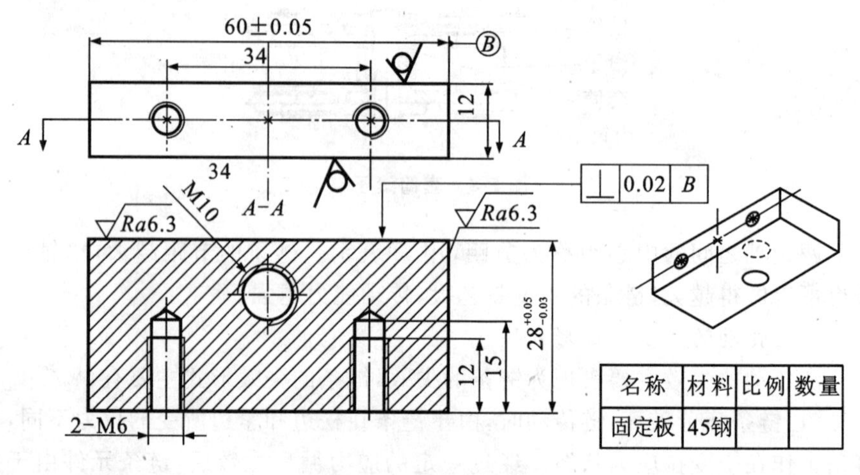

名称	材料	比例	数量
固定板	45钢		

图 5-9 固定板图样

分析图 5-9 所示的固定板的零件图样，把握外形轮廓公称尺寸。

对该零件的结构认识：

(1)看标题栏：了解这个零件的名称＿＿＿＿＿＿，材料是＿＿＿＿＿＿，比例为＿＿＿＿＿＿。

(2)分析视图：了解该零件的大致结构。

(3)分析尺寸和技术要求，如表 5-10 所示。

表 5-10 尺寸及含义

项目	代 号	含 义	说 明
尺寸公差			

续表

项目	代 号	含 义	说 明
几何公差			
表面粗糙度			

第二步：我会准备

一、加工所需工量具及材料

（1）工具：________________________________。

（2）量具：________________________________。

（3）材料：________________________________。

二、分析加工步骤

师生一起分析本零件的加工步骤。

（1）检查坯料。

（2）下料，锯削，留下较小的余量。

（3）划线。

（4）先锉削基准面。

（5）锉削另外两个面，保证长度尺寸。

（6）划出两孔的中心线，并打样冲眼。此次不加工 M10 的螺纹孔，留待与活动钳口上的 M10 孔同钻。

（7）钻孔 $\phi5$。

（8）攻螺纹 M6。

（9）去毛刺。

三、检测及评分

师生一起分析讨论，完成表 5-11 所示的检测评分表中检测内容、配分及评分标准的制订。

表 5-11 检测评分表

检测内容	配分	评 分 标 准	自我检测	教师检测

续表

检测内容	配分	评 分 标 准	自我检测	教师检测
总 分				
存在的主要问题				

第三步：我会操作

认真进行操作训练，加工零件，并用文字或图片的形式记录下自己的操作过程，填在表 5-12 中。

教师巡视，如发现问题，则针对问题及时进行个别辅导或者全班讲解、演示，进行更正。

表 5-12 操作过程

序号	工 序	主要加工步骤(可以画图)	注 意 事 项

完成作品后，先对照评分表自我检测，然后上交作品，由教师检测，进行个别讲解，得出本次操作的最后得分。

第四步：我能总结

通过本次任务的实训操作和学习，自己最大的收获是：

学生分组讨论，交流操作心得，并选部分同学在全班交流。

第五步：我想知道

拓展知识：认识带传动

台式钻床主轴的变速，是通过调整安装在电动机主轴和钻床主轴上的一组带轮来实现的，可以通过带轮组合的调整获得不同的转速。

(1)什么是带传动？

带传动的主要类型和特点如表5-13所示。

表5-13　带传动的类型和特点

类　型	名　称	特　点	应　用

带传动的主要特点。

除表 5-13 外，还有__________和__________两种带传动类型。

(2)V 带传动的相关知识。

①表示方法：

V 带属于标准件，主要分为__________________________________等七种型号，其中______截面尺寸最小，______截面尺寸最大。

V 带的标记形式为__________、__________、__________。

请你举出一个标记的例子，并解释它的意义。

例子为：______。

意义为：______。

②参数：

包角 α：______________________________。

传动比 i：______________________________。

线速度 v：______________________________。

计算公式为：______________________________。

中心距 a：______________________________。

中心距越小，______________________________；

中心距过大，______________________________。

③V 带的根数，一般不超过____根，因为____________________。

④V 带的张紧有__________和__________两种形式，为什么要采用张紧装置呢？

(3)请你列举出 V 带传动的安装和使用注意事项：

任务五 活动钳口和燕尾导轨的制作

任务目的

(1)练习燕尾槽的加工方法。

(2)通过燕尾导轨的加工，掌握镶配法加工的方法。

(3)掌握齿轮传动的基本知识。

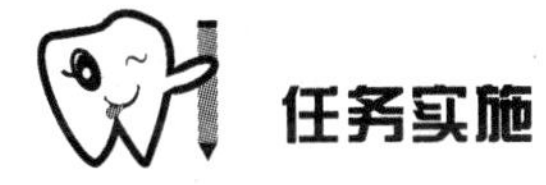

任务实施

第一步：我会看图

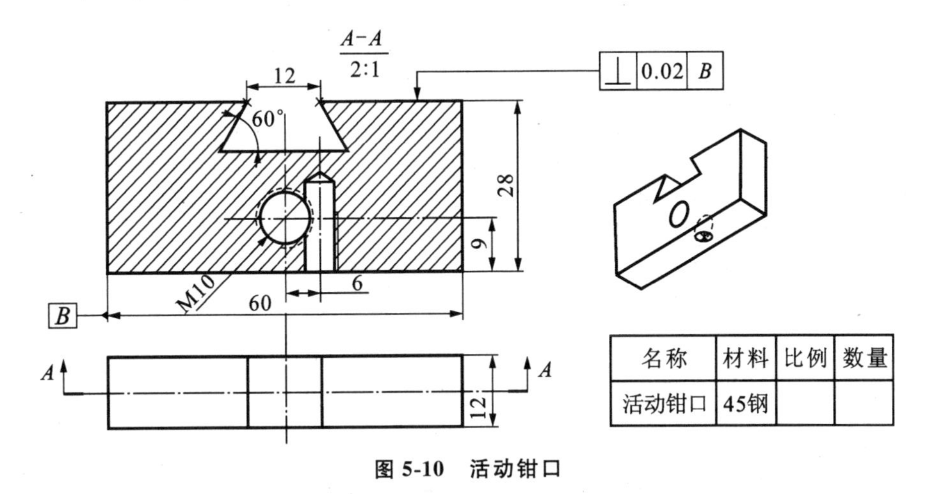

名称	材料	比例	数量
活动钳口	45钢		

图 5-10　活动钳口

一、读图 5-10

分析图 5-10 所示的活动钳口的零件图样，把握外形轮廓公称尺寸。

（1）看标题栏：了解这个零件的名称__________，材料是__________，比例为__________。

对该零件的结构认识：

（2）分析视图：了解该零件的大致结构。

（3）分析尺寸和技术要求，如表 5-14 所示。

表 5-14　尺寸及含义

项目	代　号	含　　义	说　　明
尺寸公差			

续表

项目	代 号	含 义	说 明
几何公差			
表面粗糙度			

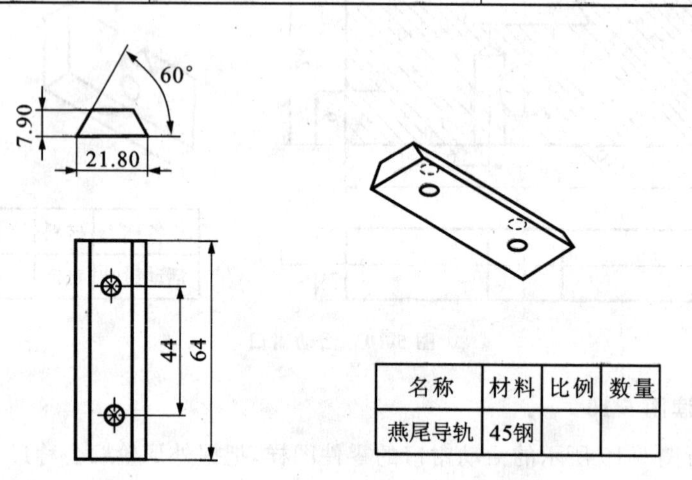

名称	材料	比例	数量
燕尾导轨	45钢		

图 5-11 燕尾导轨

二、读图 5-11

分析图 5-11 所示的燕尾导轨的零件图样，把握外形轮廓公称尺寸。

对该零件的结构认识：

(1)看标题栏：了解这个零件的名称__________，材料是__________，比例为__________。

(2)分析视图：了解该零件的大致结构。

(3)分析尺寸和技术要求，如表 5-15 所示。

表 5-15 尺寸及含义

项目	代 号	含 义	说 明
尺寸公差			

续表

项目	代 号	含 义	说 明
尺寸公差			
几何公差			
表面粗糙度			

三、零件配合

活动钳口的燕尾槽和燕尾导轨属于配合件，配合间隙为：____________。

第二步：我会准备

一、加工所需工量具及材料

(1)工具：____。

(2)量具：____。

(3)材料：____。

二、镶配法加工

用锉削加工方法，使两个互配零件达到规定的配合要求，这种加工方法称为锉配，也称镶嵌、镶配。

本任务中，燕尾导轨为__________，活动钳口为__________。

1. 加工顺序

锉配时由于外表面比内表面容易加工和测量，易于达到较高精度，因此一般先加工凸件，后锉配凹件。其加工方法有以下两种。

方法一：单件分开加工法，即根据零件图样给定的尺寸，分别加工单个零件。

首先加工凸件，识读凸件零件图样，确定加工基准、测量基准，凸件加工工序如下：

①备料后，外形尺寸及形位公差加工到位。

②划线——配合部分。

③锯削——废料去除，保证余量 0.5mm。

④锉削——粗加工配合部分，保证余量 0.1～0.2mm。

⑤锉削——精修配合各部分，保证尺寸、角度、表面质量及形位公差要求(专用样板检测)。

⑥去毛刺、倒角。

再加工凹件，按照凸件的加工方法完成，两者分开加工，互不干涉。

方法二：配合加工法，即先加工凸件，再将零件配合间隙放入凹件进行加工，具体如下：

凸件按方法一中的凸件加工工序加工到位。

凹件按方法一中的方法制作，但保留 0.01～0.05mm 的余量进行修配。

相比加工凸件，加工凹件多一步工序，即去除内部余量时先打排孔再用錾子去除废料。

2. 加工方法比较

方法一：可准确加工出每个零件的实际尺寸，任选两件即可配合使用，但每个零件的加工要求高，适用于批量生产。

方法二：可保证零件加工完成后两件之间的配合间隙，但单件零件尺寸精度较低，适用于单件生产。

由于本任务的配合属于单件生产，且需要保证间隙，用方法一加工对于学生而言难度较大，而采用方法二进行操作，可减少学生加工难度，并能保证配合尺寸和配合间隙。故选用方法二来完成该零件的加工。

3. 注意事项

(1)凸件是基准，尺寸、形位误差应控制在最小范围内，尺寸尽量加工至上限，以保证锉配时有修整的余地。

(2)凹件外形基准面要相互垂直，以保证划线的准确性及锉配时有较好的测量基准。

(3)锉配部位的确定，应在涂色或透光检查后再从整体情况考虑，避免造成局部间隙过大。

(4)修锉凹件清角时，锉刀一定要修磨好，掌握要用力，防止修成圆角或锉坏相邻面。

(5)试配过程中，不能用榔头敲击，退出时也不能直接敲击，以免将配合面咬毛、变形及表面敲毛。

师生一起分析本零件的加工步骤。

三、分析加工步骤

(1)检查坯料。

(2)划线、锯割分料。

(3)加工燕尾导轨。

(4)锉配燕尾槽。

①锉削燕尾槽外形面，保证外形尺寸及形位要求。

②划出燕尾槽各面加工线，并用加工好的四方体校对划线的正确性。

③用锯条锯去凹形面余料，然后用锉刀粗锉至接近线，单边留 0.1～0.2mm余量作锉配用。

④细锉燕尾槽两侧面，控制两侧尺寸相等，并用燕尾导轨试配，达到配合间隙要求。

⑤以燕尾导轨为基准，燕尾槽两侧为导向，锉配燕尾槽底面，保证配合间隙及配合直线度要求。

(5)划出 M6 两孔的中心线，打样冲眼，并钻孔。

(6)在活动钳口上划出紧定螺钉 M6 孔的中心线，钻孔。

(7)将固定板和活动钳口两块装夹在一起，划出 M10 孔中心线，打样冲眼，在钻床上一次性钻出孔。

(8)将固定板和活动钳口两块装夹在一起攻 M10 螺纹。

(9)攻 3 处 M6 螺纹。

(10)在燕尾导轨上划线，并钻孔。

(11)攻 M6 螺纹。

(12)全面检查，作必要修整，锐边去毛刺、倒棱。

四、检测及评分

师生一起分析讨论，完成表 5-16 所示的检测评分表中检测内容、配分及评分标准的制订。

表 5-16　检测评分表

检测内容	配分	评分标准	自我检测	教师检测
总　分				
存在的主要问题				

第三步：我会操作

认真进行操作训练，加工零件，并用文字或图片的形式记录下自己的操作过程，填在表 5-17 中。

教师巡视，如发现问题，则针对问题及时进行个别辅导或者全班讲解、演示，进行更正。

表 5-17 操作过程

序号	工 序	主要加工步骤(可以画图)	注意事项

完成作品后，先对照评分表自我检测，然后上交作品，由教师检测，进行个别讲解，得出本次操作的最后得分。

第四步:我能总结

学生分组讨论，交流操作心得，并选部分同学在全班交流。

通过本次任务的实训操作和学习，自己最大的收获是：

第五步:我想知道

拓展知识:认识齿轮传动

在立式钻床和摇臂钻床里,除了采用__________作为初级传动外,在后级传动中,都采用了另外一种传动形式:齿轮传动。

(1)什么是齿轮传动呢?

(2)齿轮传动的主要类型及特点如表5-18所示。

综合起来,齿轮传动的特点主要为:

表 5-18　齿轮传动的类型及特点

类　型	名　称	特　点	应　用

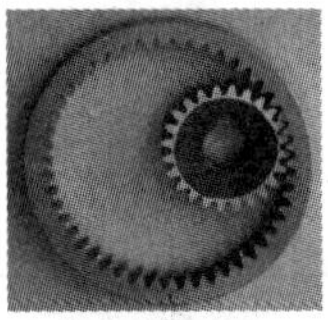			

(3)渐开线直齿圆柱齿轮传动的参数。

目前，绝大多数齿轮都采用渐开线齿廓，这种齿轮的特点是：

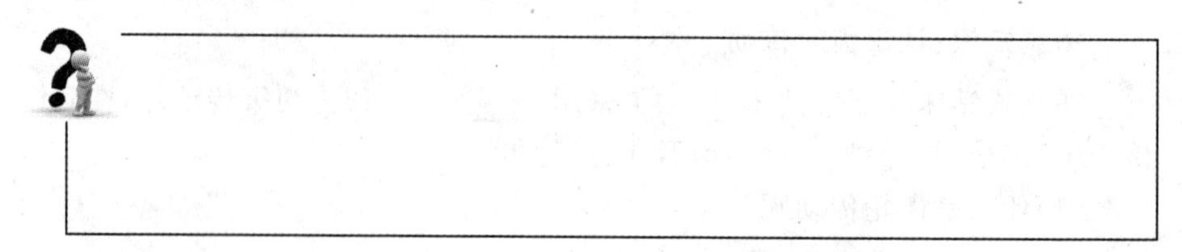

在图 5-12 中，请同学们写出渐开线直齿圆柱齿轮各部分的名称。

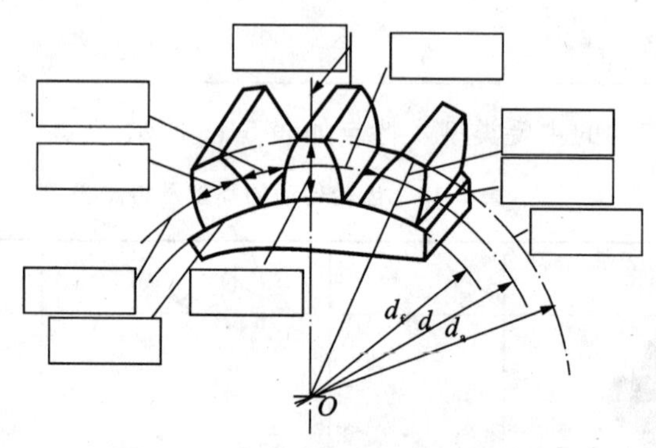

图 5-12 渐开线直齿圆柱齿轮

我们应当掌握这三个基本参数。

齿数 z：________________。

压力角 α：________________。其中。国家标准规定标准压力角为________。

模数 m：________________。

有一对直齿圆柱齿轮，要使它们能正确啮合，必须具备的两个条件是：

两个齿轮中，第一个齿轮齿数 $z_1=22$，第二个齿轮齿数 $z_2=30$，模数 $m=8\text{mm}$，请同学们试着完成表 5-19。

表 5-19 齿轮参数

名 称	代 号	计算公式	齿轮 1 的尺寸	齿轮 2 的尺寸
分度圆直径				
齿顶圆直径				
齿根圆直径				
中心距				
齿根高				
齿顶高				
全齿高				
齿距				
传动比				

任务六　底板的制作

任务目的

(1)学会利用圆锉加工圆弧的方法。

(2)掌握配合尺寸的划线方法。

(3)了解蜗杆传动的基本知识。

任务实施

第一步:我会看图

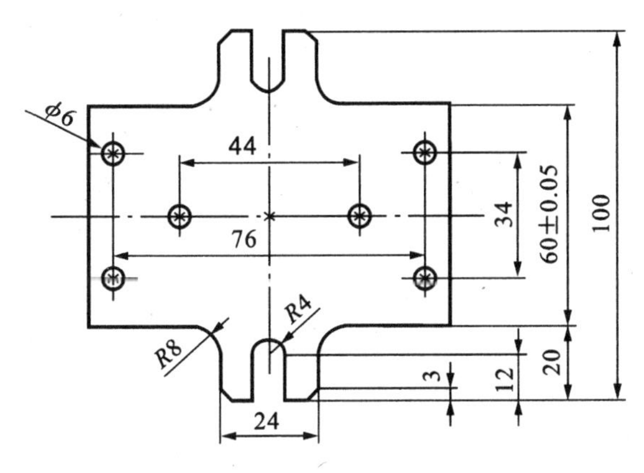

名称	材料	比例	数量
底板			

图 5-13　底板图样

分析图 5-13 所示底板的零件图样,把握外形轮廓公称尺寸。

(1)看标题栏:了解这个零件的名称__________,材料是__________,比例为__________。

对该零件的结构认识:

(2)分析视图:了解该零件的大致结构。

(3)分析尺寸和技术要求,如表 5-20 所示。

表 5-20　尺寸及含义

项目	代　号	含　　义	说　　明
尺寸公差			

续表

项目	代　号	含　　义	说　　明
尺寸公差			
几何公差			
表面粗糙度			

第二步:我会准备

一、加工所需工量具及材料

(1)工具:________________。

(2)量具:________________。

(3)材料:________________。

师生一起分析本零件的加工步骤。

二、分析加工步骤

三、检测及评分

师生一起分析讨论，完成表5-21所示的检测评分表中检测内容、配分及评分标准的制订。

表5-21　检测评分表

检测内容	配分	评分标准	自我检测	教师检测
总分				
存在的主要问题				

第三步：我会操作

认真进行操作训练，加工零件，并用文字或图片的形式记录下自己的操作过程，填在表5-22中。

教师巡视，如发现问题，则针对问题及时进行个别辅导或者全班讲解、演示，进行更正。

表5-22　操作过程

序号	工序	主要加工步骤(可以画图)	注意事项

续表

序号	工　序	主要加工步骤(可以画图)	注意事项

学生完成作品后,先对照评分表自我检测,然后上交作品,由教师检测,进行个别讲解,得出本次操作的最后得分。

第四步:我能总结

学生分组讨论,交流操作心得,并选部分同学在全班交流。

通过本次任务的实训操作和学习,自己最大的收获是:

第五步:我想知道

拓展知识:蜗杆传动

蜗杆传动的组成和特点如表 5-23 所示。

表 5-23　蜗杆传动的组成和特点

图　例	组　成	特　点	应　用

蜗杆传动的类型如图 5-14 所示。

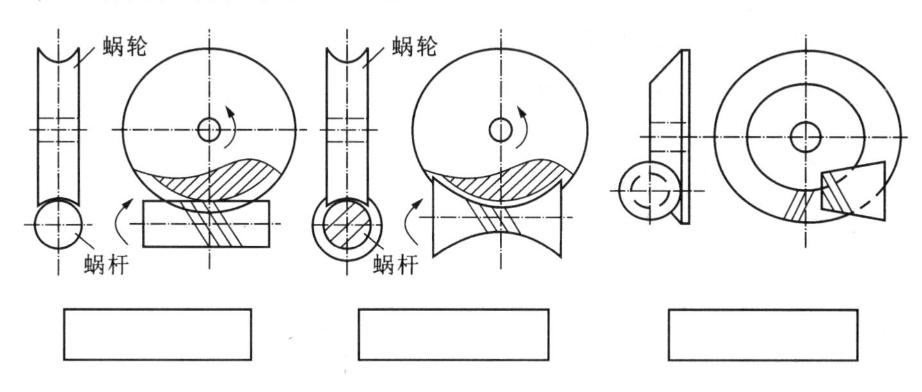

在图 5-14 中填写蜗杆传动类型的名称。

图 5-14　蜗杆传动的类型

蜗杆传动的失效形式：主要有点蚀、齿根折断、齿面胶合和磨损，最常见失效是齿面胶合和过度磨损。

任务七　小台钳的装配

任务目的

(1)学会对照装配图进行小台钳的组装。

(2)学会在装配中进行合理的调整，以满足工件的运动要求。

(3)了解机械加工工艺的基本知识。

任务实施

第一步：我会看图

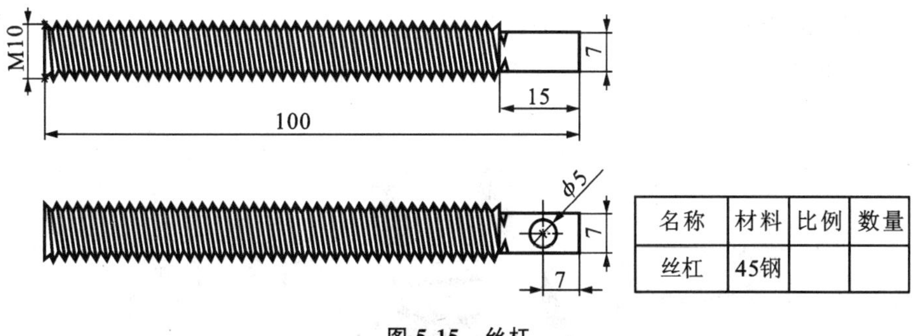

名称	材料	比例	数量
丝杠	45钢		

图 5-15　丝杠

为了加工方便，我们选用 M10×100 的螺栓改制成如图 5-15 所示的丝杠。

一、读图 5-15

分析图 5-15 所示的丝杆的零件图样，把握外形轮廓公称尺寸。

对该零件的结构认识：

(1)看标题栏：了解这个零件的名称__________，材料是__________，比例为__________。

(2)分析视图：了解该零件的大致结构。

(3)分析尺寸和技术要求，如表 5-24 所示。

表 5-24 尺寸及含义

项目	代 号	含 义	说 明
尺寸公差			
几何公差			
表面粗糙度			

二、读图 5-16

分析图 5-16 所示的小台钳的装配图。分析装配尺寸和技术要求。

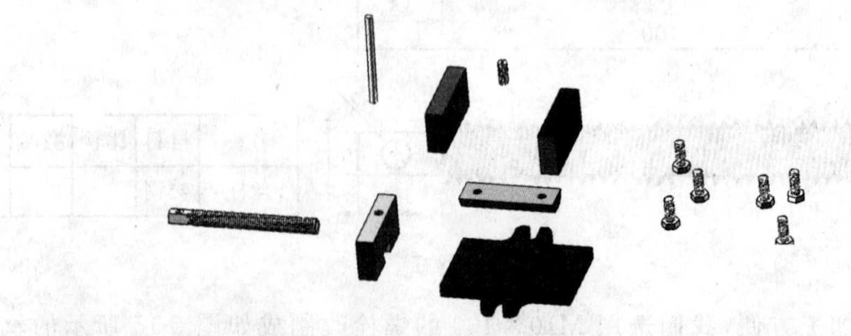

图 5-16 小台钳的零件

第二步：我会准备

一、加工所需的工量具及材料

(1)工具：____。

(2)量具：____。

(3)材料：____。

二、分析丝杠的加工步骤

师生一起分析本零件的加工步骤。

三、分析小钳台的装配步骤

四、丝杆的检测及评分

师生一起分析讨论，完成表5-25所示的检测评分表中检测内容、配分及评分标准的制订。

表5-25　检测评分表

检测内容	配分	评分标准	自我检测	教师检测
总　分				
存在的主要问题				

五、装配的检测及评分

师生一起分析讨论，完成表 5-26 所示的检测评分表中检测内容、配分及评分标准的制订。

表 5-26 检测评分表

检测内容	配分	评 分 标 准	自我检测	教师检测
总 分				
存在的主要问题				

第三步：我会操作

认真进行操作训练，加工零件，并用文字或图片的形式记录下自己的操作过程，填在表 5-27 中。

教师巡视，如发现问题，则针对问题及时进行个别辅导或者全班讲解、演示，进行更正。

表 5-27 操作过程

序号	工 序	主要加工步骤（可以画图）	注 意 事 项

续表

序号	工　　序	主要加工步骤(可以画图)	注 意 事 项

完成作品后，先对照评分表自我检测，然后上交作品，由教师检测，进行个别讲解，得出本次操作的最后得分。

第四步：我能总结

通过本次任务的实训操作和学习，自己最大的收获是：

学生分组讨论，交流操作心得，并选部分同学在全班交流。

第五步：我想知道

拓展知识：机械加工工艺

机械加工工艺是指用机械加工的方法改变毛坯的形状、尺寸、相对位置和性质，使其成为合格零件的全过程。组成机械加工工艺过程的基本单元是工序，工序又由安装、工位、工步及走刀组成。

1. 生产过程和工艺过程

生产过程是指从原材料(或半成品)制成产品的全部过程。对机器生产而言，包括原材料的运输和保存，生产的准备，毛坯的制造，零件的加工和热处理，产品的装配及调试，油漆和包装等内容。生产过程的内容十分广泛，现代企业用系统工程学的原理和方法组织生产和指导生产，将生产过程看成是一个具有输入和输出的生产系统。能使企业的管理科学化，使企业更具应变力和竞争力。

在生产过程中，直接改变原材料（或毛坯）形状、尺寸和性能，使之变为成品的过程，称为工艺过程。它是生产过程的主要部分。例如毛坯的铸造、锻造和焊接，改变材料性能的热处理，零件的机械加工等，都属于工艺过程。工艺过程又是由一个或若干顺序排列的工序组成的。

工序是工艺过程的基本组成单位。所谓工序是指在一个工作地点，对一个或一组工件连续完成的那部分工艺过程。构成一个工序的主要特点是不改变加工对象、设备和操作者，而且工序的内容是连续完成的。

在同一道工序中，工件可能要经过几次安装。工件在一次装夹中所完成的那部分工序，称为工步。

2. 生产类型

生产类型通常分为如下三类。

单件生产：单个地生产某个零件，很少重复生产。

成批生产：成批地制造相同的零件的生产。

大量生产：当产品的制造数量很大，大多数工作地点经常是重复进行一种零件的某一工序的生产。

拟定零件的工艺过程时，由于零件的生产类型不同，所采用的加工方法、机床设备、工夹量具、毛坯及对工人的技术要求等，都有很大的不同。

3. 加工余量

为了加工出合格的零件，必须从毛坯上切去的那层金属的厚度，称为加工余量。加工余量又可分为工序余量和总余量。

某工序中需要切除的那层金属厚度，称为该工序的加工余量。

从毛坯到成品总共需要切除的余量，称为总余量，等于相应表面各工序余量之和。

在工件上留加工余量的目的是为了消除上一道工序所留下来的加工误差和表面缺陷，如铸件表面的冷硬层、气孔、夹砂层，锻件表面的氧化皮、脱碳层、表面裂纹，切削加工后的内应力层和表面粗糙痕迹等，从而提高工件的精度和降低表面粗糙度。

加工余量的大小对加工质量和生产效率均有较大影响。加工余量过大，不仅增加了机械加工的劳动量，降低了生产率，而且增加了材料、工具和电力消耗，提高了加工成本。若加工余量过小，则既不能消除上道工序的各种缺陷和误差，又不能补偿本工序加工时的装夹误差，造成废品。加工余量的选取原则是在保证质量的前提下，使余量尽可能小。一般说来，越是精加工，工序余量越小。

4. 基准

机械零件是由若干表面组成的，研究零件表面的相对关系，必须确定一个基准，基准是零件上用来确定其他点、线、面的位置所依据的点、线、面。根据基准的不同功能，基准可分为设计基准和工艺基准两类。

设计基准：在零件图上用以确定其他点、线、面位置的基准，称为设计基准。

工艺基准：零件在加工和装配过程中使用的基准，称为工艺基准。工艺基准按用途不同又分为装配基准、测量基准及定位基准。

装配基准是装配时用以确定零件在部件或产品中的位置的基准。测量基准是用来检验已加工表面的尺寸及位置的基准。定位基准是加工时工件定位所用的基准。作为定位基准的表面(或线、点)，在第一道工序中只能选择未加工的毛坯表面，这种定位表面称为粗基准。在以后的各个工序中就可采用已加工表面作为定位基准，这种定位表面称为精基准。

5. 拟定工艺路线的一般原则

机械加工工艺规程的制订，大体可分为两个步骤。首先是拟定零件加工的工艺路线，然后再确定每一道工序的工序尺寸、所用设备和工艺装备以及切削规范、工时定额等。这两个步骤是互相联系的，应进行综合分析。

工艺路线的拟定是制订工艺过程的总体布局，主要任务是选择各表面的加工方法，确定各表面的加工顺序，以及整个工艺过程中工序数目的多少等。拟定工艺路线的一般原则如下。

(1)先加工基准面：零件在加工过程中，作为定位基准的表面应首先加工出来，以便尽快为后续工序的加工提供精基准。称为“基准先行”。

(2)划分加工阶段：加工质量要求高的表面，都要划分加工阶段， 般可分为粗加工、半精加工和精加工三个阶段。主要是为了保证加工质量，有利于合理使用设备，便于安排热处理工序；以及便于及时发现毛坯缺陷等。

(3)先孔后面：对于箱体、支架和连杆等零件应先加工平面后加工孔。这样就可以以平面定位加工孔，保证平面和孔的位置精度，而且给平面上的孔的加工也带来方便。

(4)主要表面的光整加工(如研磨、珩磨、精磨等)，应放在工艺路线最后阶段进行，以免光整加工的表面，由于工序间的转运和安装而受到损伤。

上述为工序安排的一般情况。有些具体情况可按下列原则处理。

(1)为了保证加工精度，粗、精加工最好分开进行。因为粗加工时，切削量大，工件所受切削力、夹紧力大，发热量多，以及加工表面有较显著的加工硬化现象，工件内部存在着较大的内应力，如果粗、精加工连续进行，则精加工后的零件精度会因为应力的重新分布而很快丧失。对于某些加工精度要求高的零件。在粗加工之后和精加工之前，还应安排低温退火或时效处理工序来消除内应力。

(2)合理地选用设备。粗加工主要是切掉大部分加工余量，并不要求有较高的加工精度，所以粗加工应在功率较大、精度不太高的机床上进行，精加工工序则要求用较高精度的机床加工。粗、精加工分别在不同的机床上加工，既能充分发挥设备能力，又能延长精密机床的使用寿命。

(3)在机械加工工艺路线中,常安排有热处理工序。热处理工序的安排如下:为改善金属的切削加工性能,如退火、正火、调质等,一般安排在机械加工前进行。为消除内应力,如时效处理、调质处理等,一般安排在粗加工之后、精加工之前进行。为了提高零件的机械性能,如渗碳、淬火、回火等,一般安排在机械加工之后进行。如热处理后有较大的变形,还须安排最终加工工序。

项目六

曲柄滑块机构的手工制作

项目描述

通过对曲柄滑块机构的学习，模仿着进行曲柄滑块机构的制作，使学生对手工制作的过程有一个深入的了解。

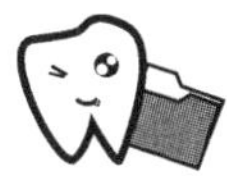

学习目标

(1)熟练掌握钳工制作过程的一般步骤。
(2)熟练使用钳工常用量具和工具。
(3)掌握简单的机械零件的装配。
(4)通过设计制作曲柄滑块机构，培养学生的创作精神。

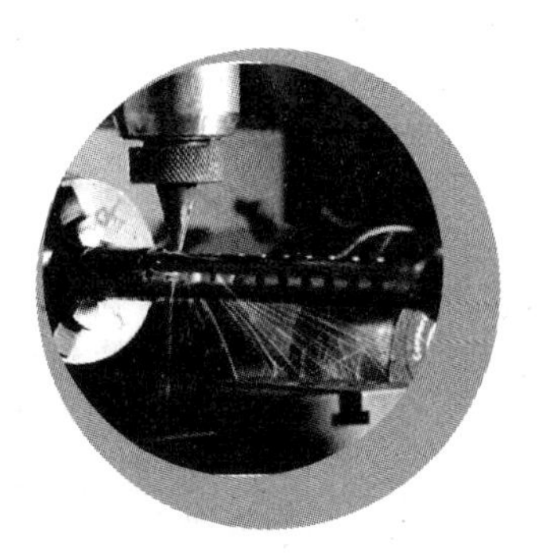

任务一　曲柄滑块机构的创意设计

任务目的

(1)理解简单机械的组成。

(2)掌握曲柄滑块机构的主要组成部分及作用。

任务实施

第一步:我会看图

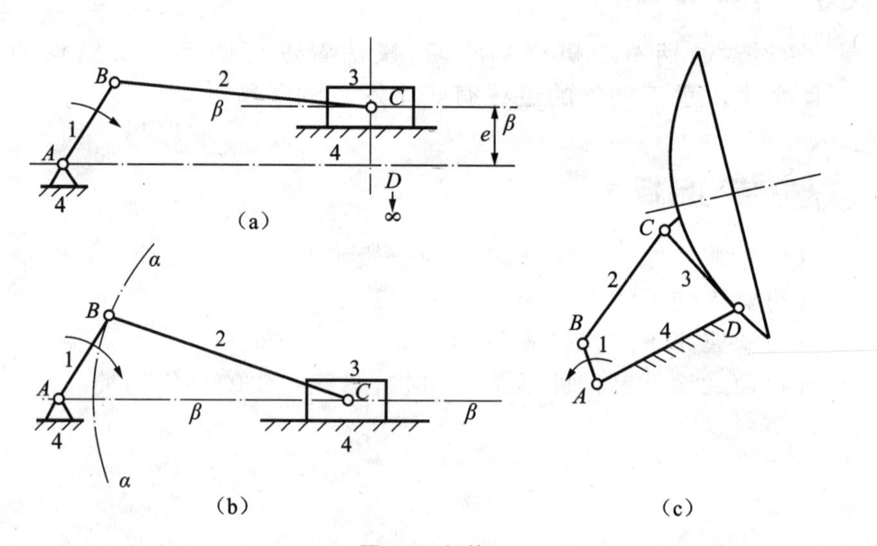

图 6-1　机构

在图 6-1(c)所示的机构图中,4 杆下画有短斜线,表示这部分________,A、B、C 三处画有小圆圈,表示______________。

观察上面三幅图,请同学们思考一下,当杆 1 按图示方向转动时,部件 3 将会怎样运动呢?

图(a)中,____。

图(b)中,____。

图(c)中,____。

这就是我们在实际生活中遇到的简单机构,本项目中我们将在学习的基础上,自己设计一个简单机构,并试着运行。

第二步：我会准备

一、平面机构组成

目前，工程中常见的机构大多属于平面机构。

(1)在某一个机构中，组成机构的各相对运动的实体，称为__________。按照它的运动性质通常分为如下三类。

能否举列说明？

固定件：________________________________。

原动件：________________________________。

从动件：________________________________。

请指出图 6-1 中各固定件，原动件和从动件，并填入表 6-1 中。

表 6-1　运动实体

图　　例	固　定　件	原　动　件	从　动　件
图 6-1(a)			
图 6-1(b)			
图 6-1(c)			

(2)运动副。

什么是运动副？

运动副的分类如表 6-2 所示。

表 6-2　运动副分类

类型	名　称	图　　例	表示方法	特　　点
高副		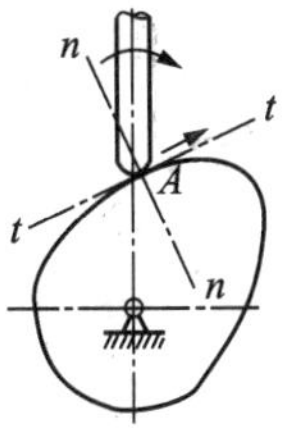 n t A t n		
		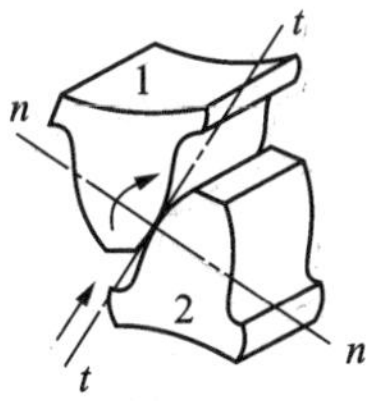 t 1 n 2 n t		

续表

类型	名 称	图 例	表示方法	特 点
低副				

二、铰链四杆机构

平面四杆机构中，四个构件都通过＿＿＿＿＿连接而成的机构，称为＿＿＿＿＿。

(1)请对照图 6-2 认识铰链四杆机构的组成。

机架：＿＿＿＿＿＿＿＿＿＿＿＿＿＿＿＿＿＿＿＿。

连杆架：＿＿＿＿＿＿＿＿＿＿＿＿＿＿＿＿＿＿＿。

曲柄：＿＿＿＿＿＿＿＿＿＿＿＿＿＿＿＿＿＿＿＿。

摇杆：＿＿＿＿＿＿＿＿＿＿＿＿＿＿＿＿＿＿＿＿。

连杆：＿＿＿＿＿＿＿＿＿＿＿＿＿＿＿＿＿＿＿＿。

图 6-2 铰连四杆机构

(2)铰链四杆机构的分类如表 6-3 所示。

类 型	图 例	特 点	应 用

续表

类　型	图　　例	特　　点	应　　用

由此可知，铰链四杆机构三种基本类型的区别，就在于机构中是否有曲柄，以及有几个曲柄存在。通过学习，我们总结出铰链四杆机构中曲柄存在的条件为：

从而可以知道铰链四杆机构三种基本类型的判别方法为：

请根据总结的判别方法，判断图 6-3 所示的铰链四杆机构的类型。

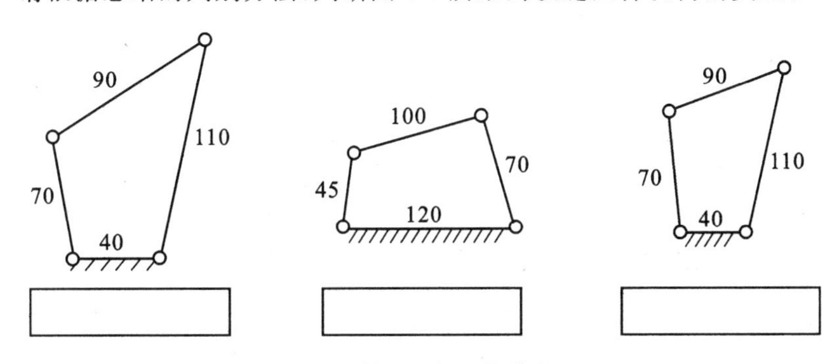

图 6-3　铰链四杆机构的类型

三、认识曲柄滑块机构

铰链四杆机构只能实现转动与摆动的转换。若要实现转动和移动的转换，则要采用含有移动副的四杆机构。我们主要以曲柄滑块机构来认识这种四杆机构。

图 6-4 所示的是两种常见的曲柄滑块机构。

曲柄滑块机构可以实现__________运动和__________运动的相互转换。广泛使用在__________、__________、__________中。

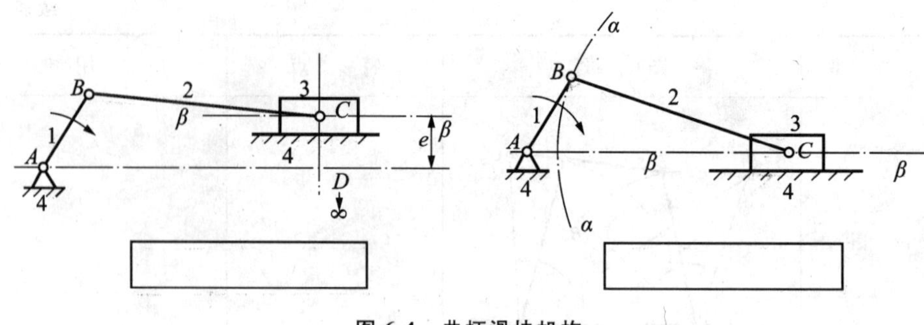

图 6-4 曲柄滑块机构

第三步：我会操作

一、机构的创意设计

为什么设计前必须清楚工作原理？

通过学习铰链四杆机构和曲柄滑块机构，请同学们根据所学的两种机构的工作原理，自己进行一种四杆机构的创意设计。请在下面写出你的创意，并写出其工作原理。

二、机构的创意交流

在小组中交流自己的创意，并以小组为单位，最终形成小组内的集体创意，在全班进行交流。

小组形成的集体创意是：

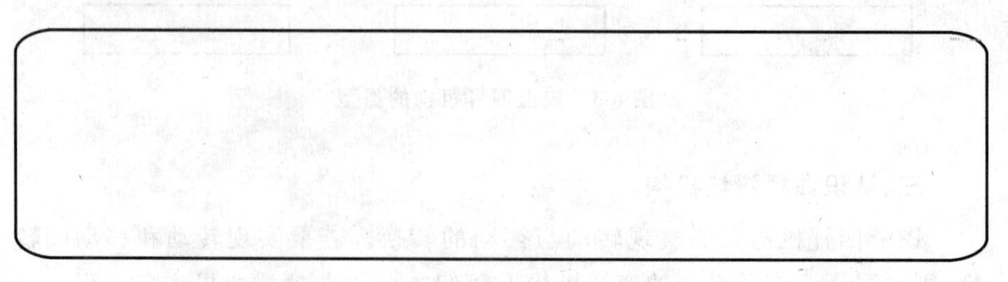

三、机构的样品展示

老师综合小组意见展示两种实物图如图 6-5 所示。

由此形成全班一致的创意设计——曲柄滑块机构。因为在这个设计的制作中，我们将学习到两种低副——转动副和运动副。

图 6-5　四杆机构样品

四、机构设计图

师生一起商讨形成四杆机构设计图。

我们所设计的曲柄滑块机构，由底座、支撑板、曲柄（由一个圆板代替）、连杆、滑块、滑槽、轴、摇把组成。

第四步：我能总结

通过本次任务的实训操作和学习，自己最大的收获是：

学生分组讨论，交流心得，并选部分同学在全班交流。

第五步：我想知道

拓展知识：机器和机构

机器和机构统称为机械。

1. 机器

凡同时具备以下三个特征的实物组合体就称为机器。

(1)它们都是一种人为的实物(机件)的组合体。

(2)组成它们的各部分之间都具有确定的相对运动。

(3)能够完成有用的机械功或转换机械能。

机器是执行机械运动的装置,其用途是变换和传递能量、物料和信息。按作用机器主要分为三类:

工作机器:完成有用功的机器,包括加工机器和运输机器。

动力机器:原动机,将其他能转化为机械能,如电动机、内燃机等。

信息机器:完成信息的传递和变化,如照相机、传真机、打印机等。

2. 机构

传递运动和动力的构件系统,各运动单元之间具有确定的相对运动。常用的机构包括连杆机构、凸轮机构、齿轮机构、带传动机构、链传动机构、螺旋机构、万向联轴器等。

构件:独立运动的单元体,如链传动机构中的________。

零件:制造的单元。如链条是由滚子、链板、销轴等零件组成的。

3. 机器的构成

机器是由机构构成的。如图 6-6 所示的单缸内燃机中就包含了三种常用机构:

图 6-6 单缸内燃机

任务二 底座的加工

任务目的

(1)熟练运用钳工工具加工。

(2)了解凸轮机构的组成及应用。

任务实施

第一步：我会看图

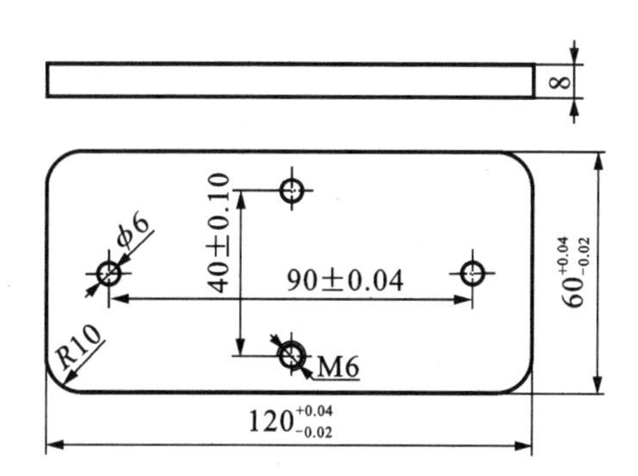

名称	材料	比例	数量
底座	Q235	1:2	1

图 6-7 底座图样

分析图 6-7 所示的底座零件图样，把握外形轮廓公称尺寸。

(1)看标题栏：了解这个零件的名称，材料是________，比例为________。

(2)分析视图：了解该零件的大致结构。

(3)分析尺寸和技术要求如表 6-4 所示。

对该零件的结构认识：

表 6-4 尺寸及含义

项目	代 号	含 义	说 明
尺寸公差			
几何公差			
表面粗糙度			

第二步：我会准备

一、加工所需工量具及材料

(1)工具：____。

(2)量具：____。

(3)材料：____。

师生一起分析本零件的加工步骤。

二、分析加工步骤

(1)检查坯料。

(2)下料，锯削，留下的余量较小。

(3)划线。

(4)先锉削基准面。

(5)锉削另外两个面，保证长度尺寸。

(6)划出四孔的中心线，并打样冲眼。

(7)钻孔 $\phi5$，$\phi6.5$。

(8)攻螺纹 M6。

(9)去毛刺。

三、检测及评分

师生一起分析讨论，完成表 6-5 所示的检测评分表中检测内容、配分及评分标准的制订。

表 6-5 检测评分表

检测内容	配分	评分标准	自我检测	教师检测
总分				
存在的主要问题				

第三步：我会操作

认真进行操作训练，加工零件，并用文字或图片的形式记录下自己的操作过程，并填在表6-6中。

教师巡视，如发现问题，则针对问题及时进行个别辅导或者全班讲解、演示，进行更正。

表6-6　操作过程

序号	工　　序	主要加工步骤(可以画图)	注意事项

完成作品后，先对照评分表自我检测，然后上交作品，由教师检测，进行个别讲解，得出本次操作的最后得分。

第四步：我能总结

通过本次任务的实训操作和学习，自己最大的收获是：

学生分组讨论，交流操作心得，并选部分同学在全班进行交流。

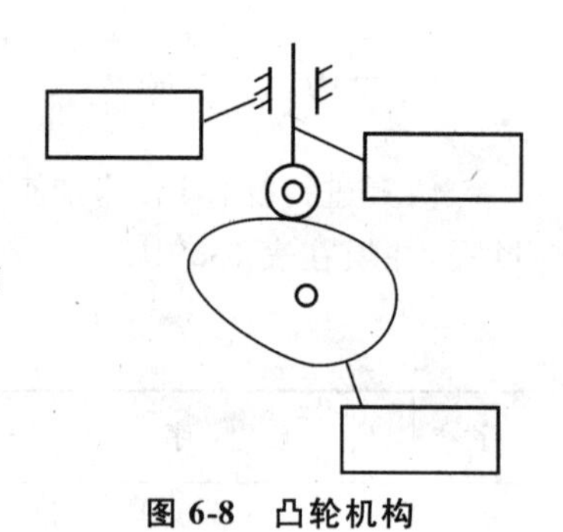

图 6-8 凸轮机构

第五步:我想知道

拓展知识:凸轮机构

凸轮机构由__________、__________和__________三个基本构件组成。如图 6-8 所示。

凸轮机构的优点:

凸轮机构的缺点:

凸轮机构按凸轮的形状分类,如图 6-9 所示。

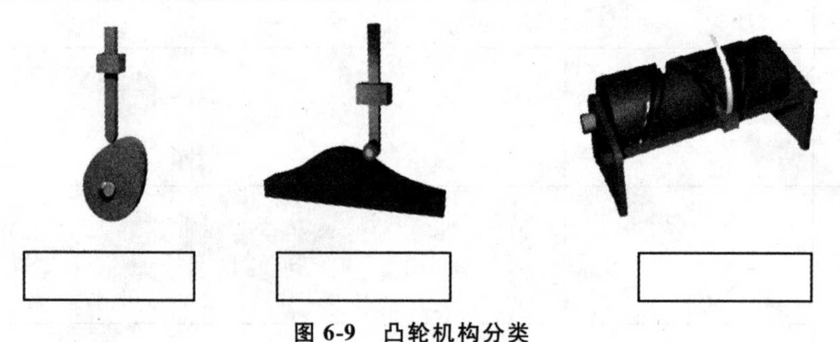

图 6-9 凸轮机构分类

凸轮机构的应用举例,如图 6-10 所示。

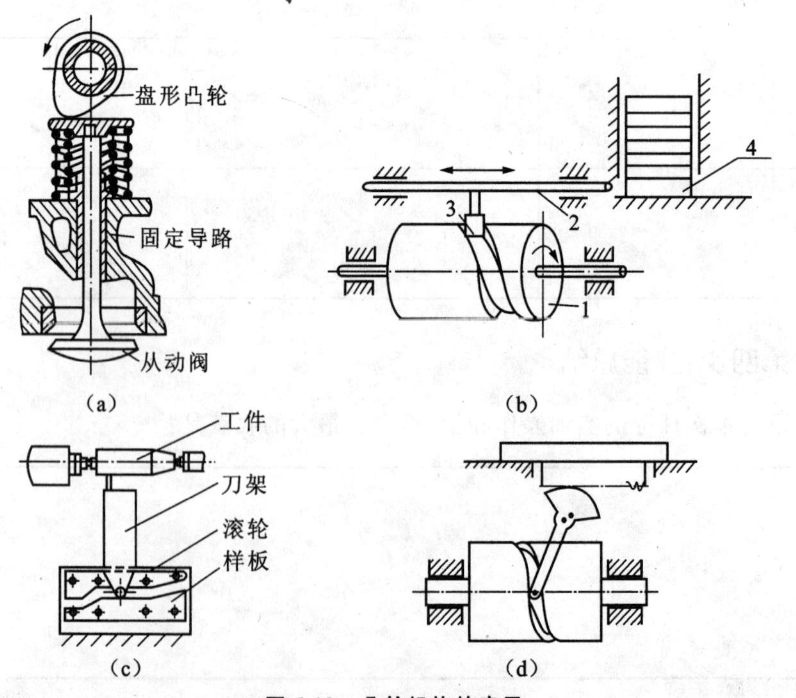

图 6-10 凸轮机构的应用

任务三　支撑板的制作

任务目的

(1)学会通过图找准加工基准,正确划线并加工。

(2)了解轴的分类及轴上零件的固定方法。

任务实施

第一步:我会看图

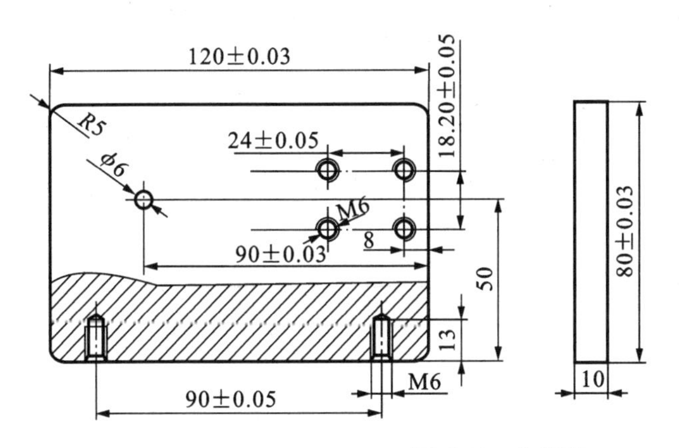

名称	材料	比例	数量
支撑板	Q235	1:2	1

图 6-11　支撑板

分析图 6-11 所示的支撑板的零件图样,把握外形轮廓公称尺寸。

(1)看标题栏:了解这个零件的名称＿＿＿＿＿＿,材料是＿＿＿＿＿＿,比例为＿＿＿＿＿＿。

(2)分析视图:了解该零件的大致结构。

(3)分析尺寸和技术要求,如表 6-7 所示。

对该零件的结构认识:

表 6-7　尺寸及含义

项目	代　号	含　　义	说　　明
尺寸公差			

续表

项目	代号	含义	说明
尺寸公差			
几何公差			
表面粗糙度			

第二步：我会准备

一、加工所需工量具及材料

(1)工具：________________________________。

(2)量具：________________________________。

(3)材料：________________________________。

师生一起分析本零件的加工步骤。

二、分析加工步骤

(1)检查坯料。

(2)下料，锯削。

(3)划线。

(4)先锉削基准面。

(5)锉削另外两个面，保证长度尺寸。

(6)划出 7 个孔的中心线，并打样冲眼。

(7)钻孔。

(8)攻螺纹 M6。

(9)去毛刺。

三、检测及评分

师生一起分析讨论，完成表 6-8 所示的检测评分表中检测内容、配分及评分标准的制订。

表 6-8　检测评分表

检测内容	配分	评 分 标 准	自我检测	教师检测
总　　分				
存在的主要问题				

第三步：我会操作

认真进行操作训练，加工零件，并用文字或图片的形式记录下自己的操作过程，填在表 6-9 中。

教师巡视，如发现问题，则针对问题及时进行个别辅导或者全班讲解演示，进行更正。

表 6-9　操作过程

序号	工　　序	主要加工步骤(可以画图)	注 意 事 项

续表

序号	工 序	主要加工步骤(可以画图)	注 意 事 项

完成作品后,先对照评分表自我检测,然后上交作品,由教师检测,进行个别讲解,得出本次操作的最后得分。

第四步:我能总结

学生分组讨论,交流操作心得,并选部分同学在全班进行交流。

通过本次任务的实训操作和学习,自己最大的收获是:

第五步:我想知道

拓展知识:轴

1. 轴的作用

轴是组成机器最基本的和主要的零件,大多数作旋转运动的传动零件,都必须安装在轴上才能实现旋转和传递动力。

按照轴的轴线形状不同,可以把轴分为直轴、曲轴和软轴,如图 6-12 所示。

直轴在生产中应用广泛,按其外形不同,可分为光轴和阶梯轴两种,而阶梯轴的应用最为广泛。

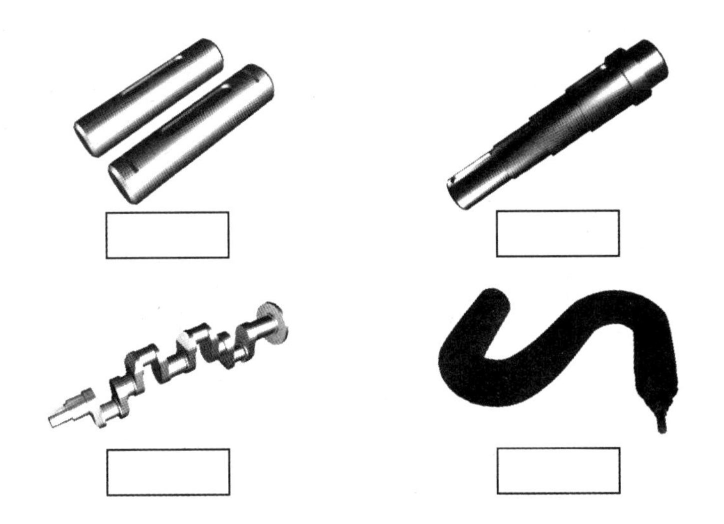

图 6-12　轴

给图 6-12 填空。

曲轴可以将旋转运动改变为往复直线运动或者作相反的运动转换。

软轴，具有良好的挠性，它可以把扭矩和旋转运动灵活地传到任何位置 。

按照轴承受载荷的不同，可分为心轴、传动轴、转轴三类。

心轴：只受弯矩，如机车车轮心轴，自行车前轴。

传动轴：只受转矩，如汽车传动轴。

转轴：弯矩＋转矩，最常见如自行车的中轴、后轴。

2. 轴的组成

以图 6-13 所示的台阶轴为例，请同学们掌握轴的组成。

给图 6-13 填空。

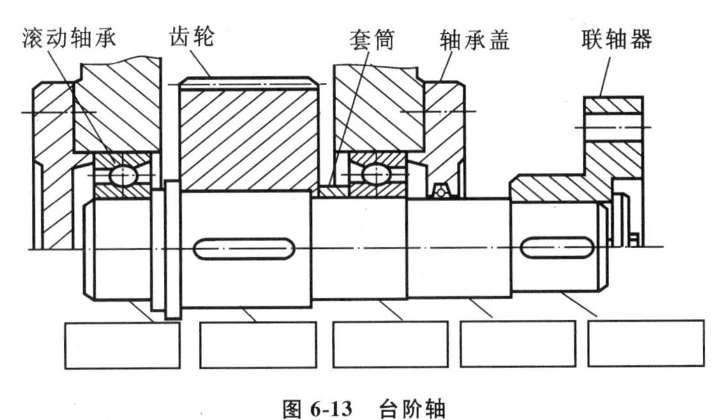

图 6-13　台阶轴

3. 轴上零件的固定

（1）轴上零件的轴向固定方法主要有以下几种，如表 6-10 所示，请同学们仔细观察。

表 6-10 轴向固定方法

轴向固定方法及结构简图		特点和应用	设计注意要点
轴肩与轴环	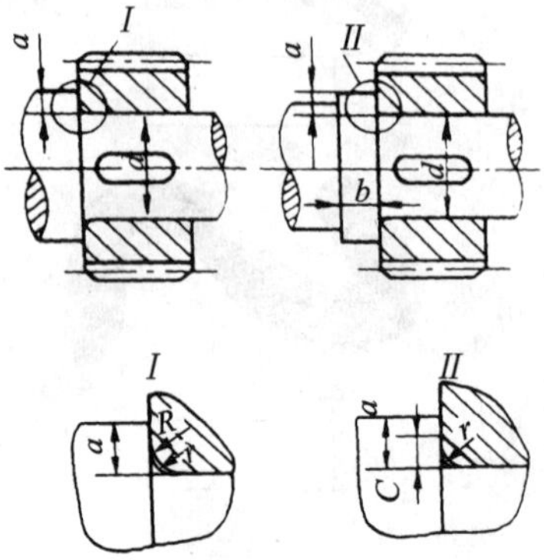	简单可靠，不需附加零件，能承受较大轴向力。广泛应用于各种轴上零件的固定。 该方法会使轴径增大，阶梯处形成应力集中，且阶梯过多将不利于加工	为保证零件与定位面靠紧，轴上过渡圆角半径 r 应小于零件圆角半径 R 或倒角 C，即 $r<C<a$、$r<R<a$。 一般取定位高度 $a=(0.07\sim1)d$，轴环宽度 $b=1.4a$
套筒	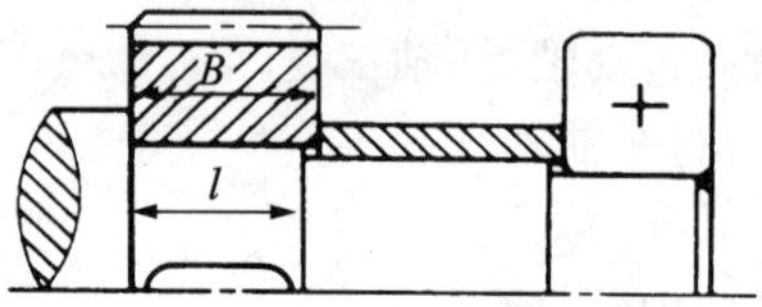	简单可靠，简化了轴的结构且不削弱轴的强度。 常用于轴上两个近距零件间的相对固定。 不宜用于高转速轴	套筒内径与轴的配合较松，套筒结构、尺寸可视需要灵活设计
轴端挡圈	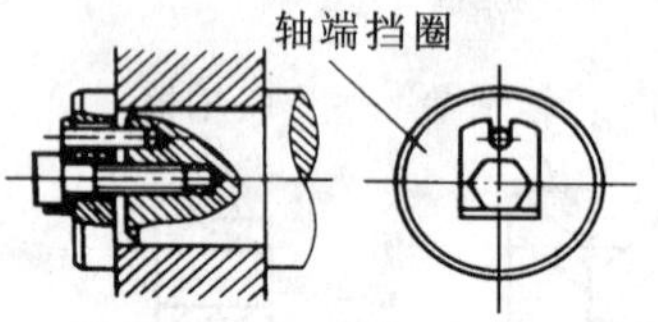 轴端挡圈	工作可靠，能承受较大轴向力，应用广泛	只用于轴端。 应采用止动垫片等防松措施
锥面	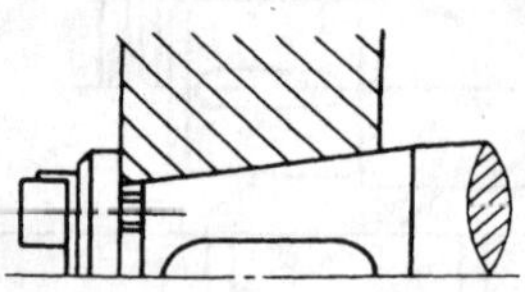	装拆方便，可兼作周向固定。 宜用于高速、冲击及对中性要求高的场合	只用于轴端。 常与轴端挡圈联合使用，实现零件的双向固定
圆螺母	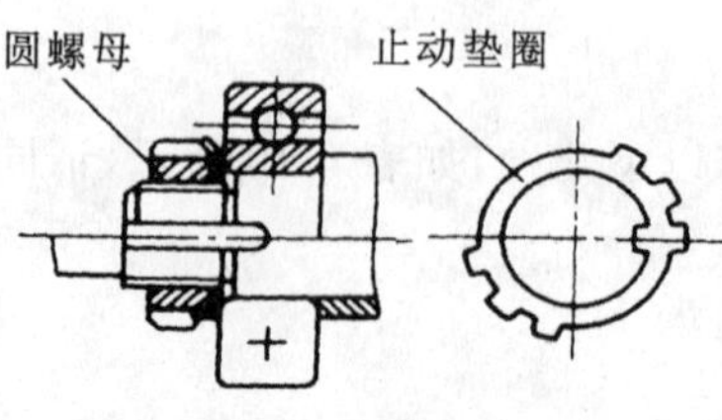 圆螺母 止动垫圈	固定可靠，可承受较大轴向力，能实现轴上零件的间隙调整。 常用于轴上两零件间距较大处，亦可用于轴端	为减小对轴强度的削弱，常用细牙螺纹。 为防松，须加止动垫圈或使用双螺母

续表

轴向固定方法及结构简图		特点和应用	设计注意要点
弹性挡圈	弹性挡圈	结构紧凑、简单、装拆方便，但受力较小，且轴上切槽将引起应力集中。 常用于轴承的固定	轴上轴槽尺寸见相关图标
紧定螺钉与锁紧挡圈	紧定螺母 锁紧挡圈	结构简单，但受力较小，且不适于高速场合	

(2)轴上零件的周向固定主要防止零件在轴上转动，主要有下面四种固定方法，如图 6-14 所示。

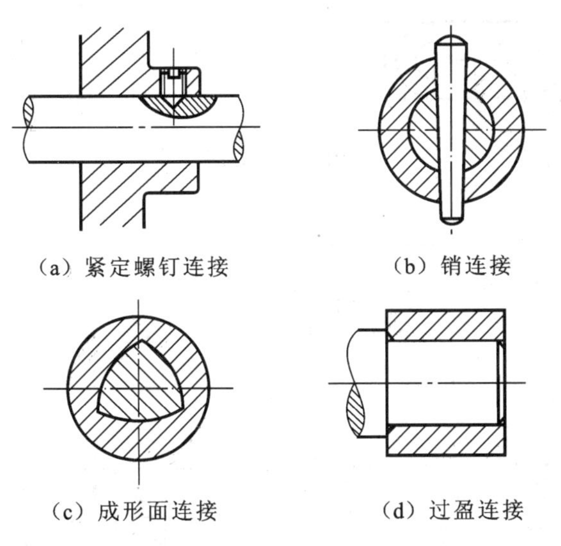

(a) 紧定螺钉连接　(b) 销连接

(c) 成形面连接　(d) 过盈连接

图 6-14　周向固定方法

任务四　曲柄和摇把的制作

任务目的

(1)练习小工件的加工方法。

(2)掌握轴上零件周向固定的方法。

(3)了解滑动轴承的知识。

任务实施

第一步:我会看图

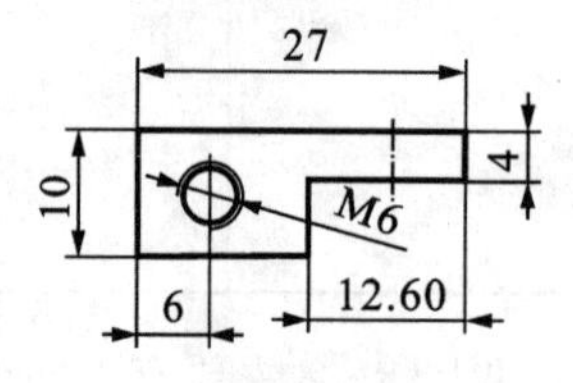

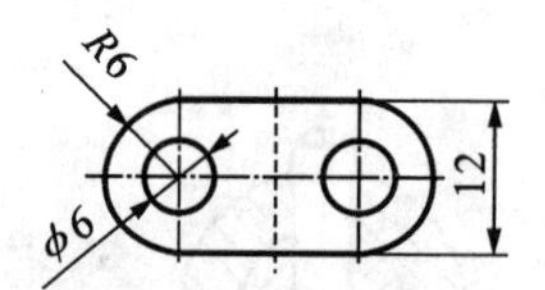

名称	材料	比例	数量
曲柄	Q235	2:1	1

图 6-15　曲柄

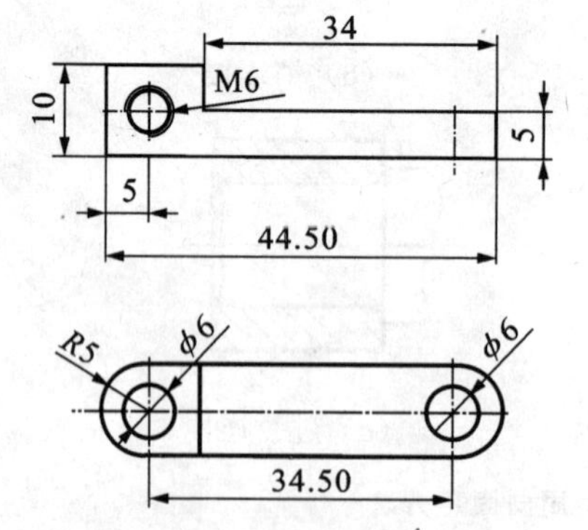

名称	材料	比例	数量
摇把	Q235	2:1	1

图 6-16　摇把

一、读图 6-15、图 6-16

分析图 6-15 所示的曲柄和图 6-16 所示的摇把的零件图样,把握外形轮廓公称尺寸。

(1)看标题栏:了解这两个零件的名称,材料是__________,比例为____。

(2)分析视图:这两个零件的结构大致相仿。

(3)分析尺寸和技术要求如表 6-11 所示(把要求相同的尺寸放在一起说明)。

对这两个零件的结构认识:

表 6-11　尺寸及含义

项目	代　号	含　　义	说　　明
尺寸公差			
几何公差			
表面粗糙度			

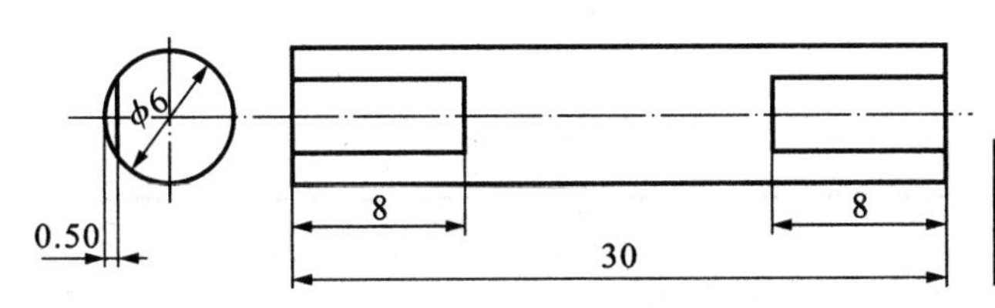

名称	材料	比例	数量
轴	Q235		1

图 6-17　轴

对该零件的结构认识：

二、读图 6-17

分析图 6-17 所示的轴的零件图样，把握外形轮廓公称尺寸。

(1)看标题栏：了解这个零件的名称，材料是________，比例为________。

(2)分析视图：了解该零件的大致结构。

(3)分析尺寸和技术要求如表 6-12 所示。

表 6-12 尺寸及含义

项目	代 号	含 义	说 明
尺寸公差			
几何公差			
表面粗糙度			

第二步：我会准备

一、加工所需工量具及材料

(1)工具：____。

(2)量具：____。

(3)材料：____。

二、分析加工步骤

自己分别设计加工步骤并写下来。

三、检测及评分

师生一起分析讨论，完成表 6-13 所示的检测评分表中检测内容、配分及评分标准的制订。

表 6-13　检测评分表

检测内容	配分	评分标准	自我检测	教师检测
总　分				
存在的主要问题				

第三步:我会操作

认真进行操作训练,加工零件,并用文字或图片的形式记录下自己的操作过程,填在表 6-14 中(曲柄和摇把任选一个记录操作过程即可)。

教师巡视,如发现问题,则针对问题及时进行个别辅导或者全班讲解、演示,进行更正。

表 6-14　操作过程

序号	工　序	主要加工步骤(可以画图)	注意事项

续表

序号	工　序	主要加工步骤(可以画图)	注意事项

完成作品后，先对照评分表自我检测，然后上交作品，由教师检测，进行个别讲解，得出本次操作的最后得分。

第四步：我能总结

学生分组讨论，交流操作心得，并选部分同学在全班进行交流。

通过本次任务的实训操作和学习，自己最大的收获是：

第五步：我想知道

拓展知识：滑动轴承

1.滑动轴承的作用

滑动轴承工作平稳，承载能力大，噪声较滚动轴承低，工作可靠。主要应用在以下五个方面：

(1)工作转速特别高的主轴，如磨床主轴；

(2)承受极大冲击和振动载荷的主轴，如轧钢机轧辊；

(3)要求特别精密的轴承；

(4)装配工艺要求轴承剖分的场合，如图6-18所示曲轴的轴承；

(5)要求径向尺寸小的场合。

2. 滑动轴承的组成

滑动轴承由__________和__________两部分组成，按其承受载荷的方向分为：

(1)径向滑动轴承，它主要承受径向载荷；

(2)止推滑动轴承，它只承受轴向载荷如表 6-15 所示。

图 6-18　轴承

填图 6-18 中的名称。

表 6-15　止推滑动轴承

名　称	图　　例	特点及应用
	3 4 5 2 1	
	F d_1 d F d_2 d_1	

任务五 连杆和滑块的制作

任务目的

(1)掌握小尺寸工件的加工方法。

(2)了解滚动轴承的知识。

任务实施

第一步:我会看图

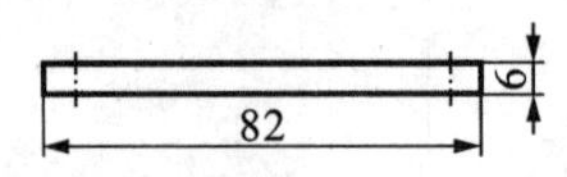

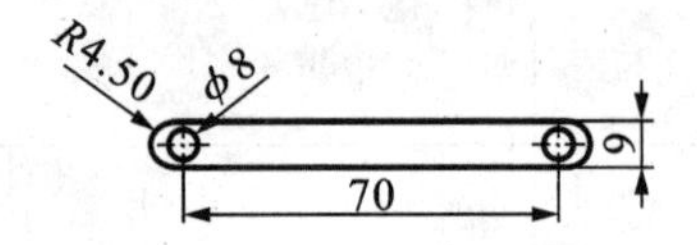

名称	材料	比例	数量
连杆	Q235		1

图 6-19 连杆

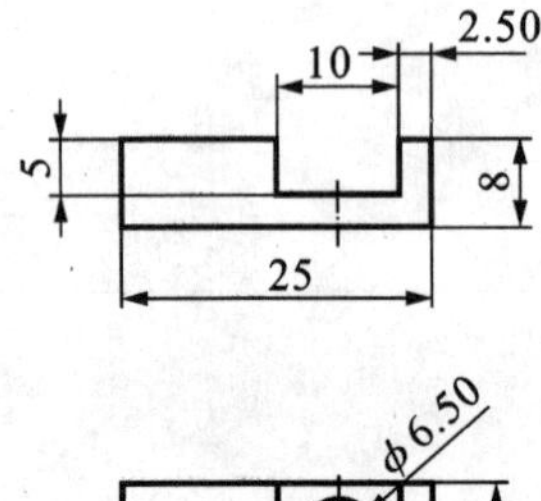

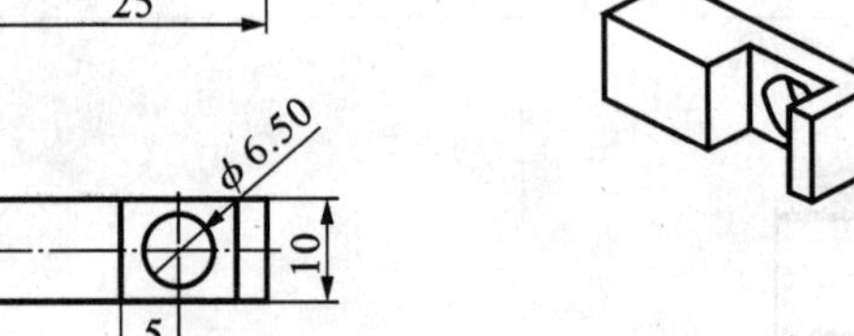

名称	材料	比例	数量
滑块	Q235	1:1	1

图 6-20 滑块

分析图 6-19 所示连杆和图 6-20 所示滑块的零件图样,把握外形轮廓公称尺寸。

对该零件的结构认识:

(1)看标题栏:了解这两个零件的名称,材料是________,比例各为______和______。

(2)分析视图:了解这两个零件的大致结构。

(3)分析尺寸和技术要求如表 6-16 所示。

表 6-16　尺寸及含义

项目	代　号	含　　义	说　　明
尺寸公差			
几何公差			
表面粗糙度			

第二步：我会准备

一、加工所需工量具及材料

(1)工具：________________。

(2)量具：________________。

(3)材料：________________。

二、分析加工步骤

师生一起分析本零件的加工步骤。

三、检测及评分

师生一起分析讨论，完成表 6-17 所示的检测评分表中检测内容、配分及评分标准的制订。

表 6-17 检测评分表

检测内容	配分	评分标准	自我检测	教师检测
总分				
存在的主要问题				

第三步：我会操作

认真进行操作训练，加工零件，并用文字或图片的形式记录下自己的操作过程，填在表 6-18 中。

教师巡视，如发现问题，则针对问题及时进行个别辅导或者全班讲解、演示，进行更正。

表 6-18 操作过程

序号	工序	主要加工步骤(可以画图)	注意事项

续表

序号	工　　序	主要加工步骤(可以画图)	注 意 事 项

完成作品后，先对照评分表自我检测，然后上交作品，由教师检测，进行个别讲解，得出本次操作的最后得分。

第四步：我能总结

通过本次任务的实训操作和学习，自己最大的收获是：

学生分组讨论，交流操作心得，并选部分同学在全班交流。

第五步：我想知道

拓展知识：滚动轴承

滚动轴承(见图 6-21)由＿＿＿＿＿＿、＿＿＿＿＿＿、＿＿＿＿＿＿、＿＿＿＿＿＿四部分组成。常见的滚动体有短圆柱形、长圆柱形、螺旋滚子、圆锥滚子、鼓形滚子、滚针六种形状，如图 6-22 所示。

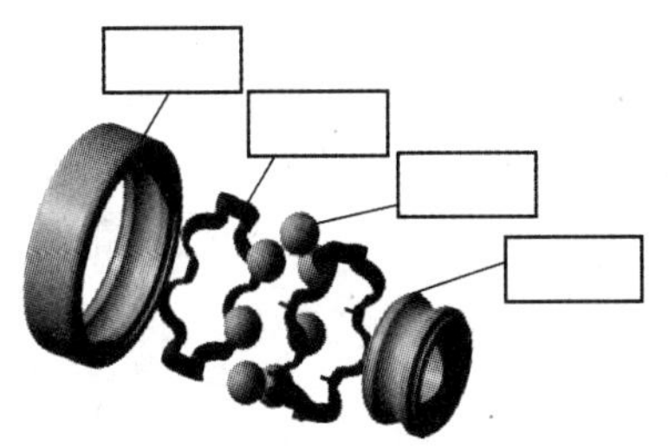

图 6-21　流动轴承

给图 6-21 中填空。

滚动轴承与滑动轴承相比，具有的优点是：

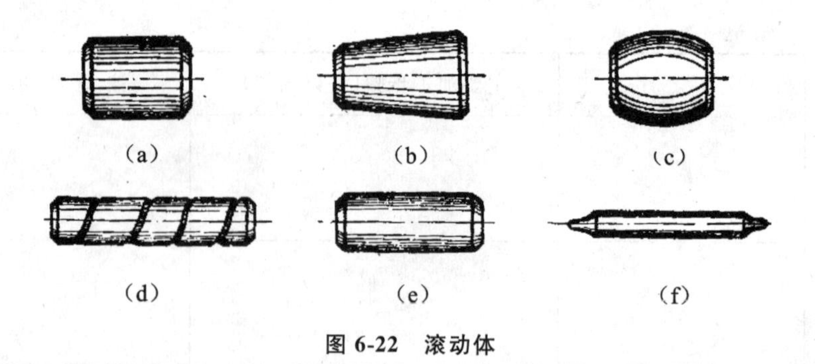

图 6-22 滚动体

1.滚动轴承的分类

(1)滚动轴承按所能承受载荷的方向或公称接触角 α 分为:向心轴承和推力轴承。

①向心轴承又分为径向接触轴承和向心角接触轴承。

径向接触轴承:公称接触角 $\alpha=0°$,主要承受径向载荷,可承受较小的轴向载荷。

向心角接触轴承:公称接触角 $\alpha=0°\sim45°$,同时承受径向载荷和轴向载荷。

②推力轴承又分为推力角接触轴承和轴向接触轴承。

推力角接触轴承:公称接触角 $\alpha=45°\sim90°$,主要承受轴向载荷,可承受较小的轴向载荷。轴向接触轴承:公称接触角 $\alpha=90°$,只能承受轴向载荷。

(2)按滚动体及其他,也分球轴承和滚子轴承;调心轴承和非调心轴承;单列轴承和双列轴承。

2.滚动轴承的配合与装拆

(1)滚动轴承与轴和座孔的配合。

滚动轴承的套圈与轴和座孔之间应选择适当的配合,以保证轴的旋转精度和轴承的周向固定。滚动轴承是标准零件,因此,轴承内圈与轴颈的配合采用基孔制,轴承外圈与座孔的配合采用基轴制。

(2)滚动轴承的安装与拆卸。

轴承的内圈与轴颈配合较紧,对于小尺寸的轴承,一般可用压力直接将轴承的内圈压入轴颈。对于尺寸较大的轴承,可先将轴承放在温度为 80～100℃的热油中加热,使内孔胀大,然后用压力机装在轴颈上。拆卸轴承时应使用专用工具——拉马进行拆卸,如图 6-23 所示。为便于拆卸,设计时轴肩高度不能大于内圈高度。

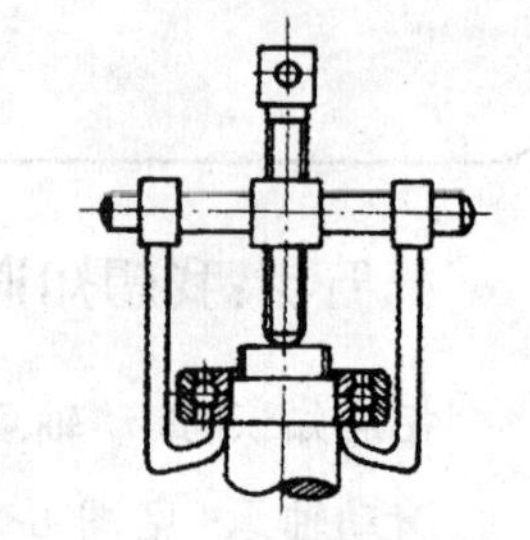
图 6-23 专用拆卸工具

任务六　挡块和压板的制作

任务目的

(1)学习圆弧倒角的加工方法。

(2)学会排孔法的加工方法。

(3)了解錾削的加工方法。

(4)了解常见的润滑方式。

任务实施

第一步:我会看图

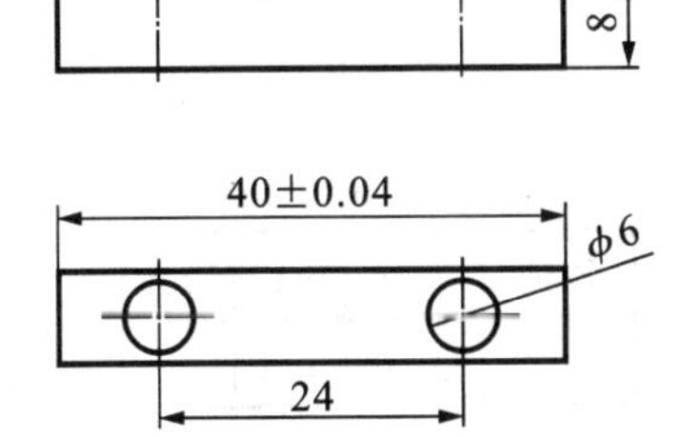

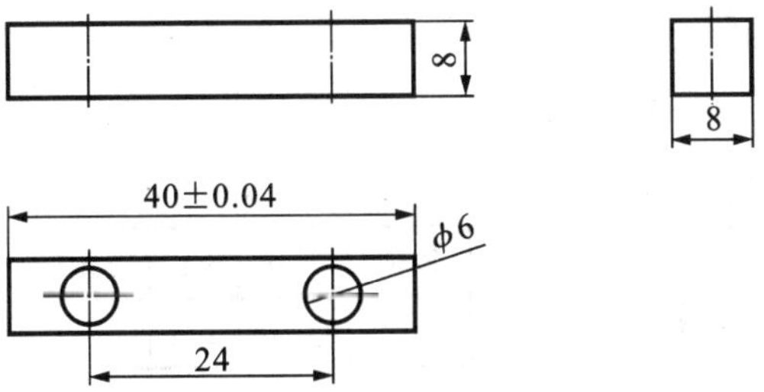

8

名称	材料	比例	数量
挡块	Q235	1∶1	1

图 6-24　挡块

一、读图 6-24

分析图 6-24 中挡块的零件图样,把握外形轮廓公称尺寸。

(1)看标题栏:了解这个零件的名称,材料是________,比例为________。

(2)分析视图:了解该零件的大致结构。

(3)分析尺寸和技术要求如表 6-19 所示。

对该零件的结构认识:

表 6-19　尺寸及含义

项目	代　号	含　　义	说　　明
尺寸公差			

续表

项目	代 号	含 义	说 明
尺寸公差			
几何公差			
表面粗糙度			

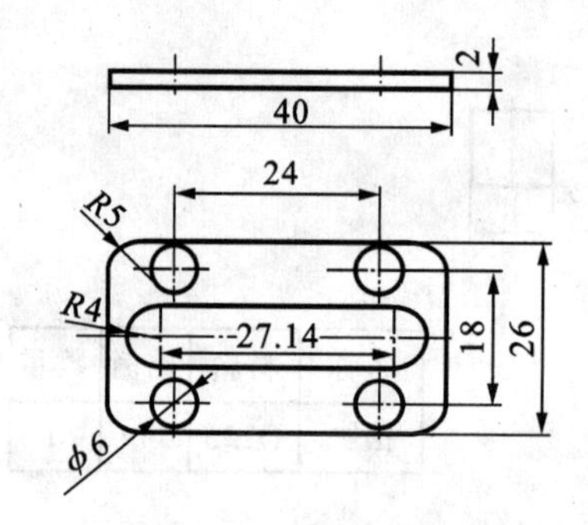

名称	材料	比例	数量
压板	Q235	1:1	1

图 6-25 压板

二、读图 6-25

分析图 6-25 中压板的零件图样，把握外形轮廓公称尺寸。

(1)看标题栏：了解这个零件的名称，材料是________，比例为________。

(2)分析视图：了解该零件的大致结构。

(3)分析尺寸和技术要求如表 6-20 所示。

对该零件的结构认识：

表 6-20 尺寸及含义

项目	代 号	含 义	说 明
尺寸公差			

续表

项目	代　号	含　　义	说　　明
尺寸公差			
几何公差			
表面粗糙度			

第二步:我会准备

一、加工所需工量具及材料

(1)工具:________________。

(2)量具:________________。

(3)材料:________________。

二、槽加工

(1)钻排孔:压板比较薄,不能装夹在平口钳上,只能采用大力虎钳夹紧之后,手持进行钻孔,中间槽的加工可以使用钻排孔的方法进行,如图 6-26 所示。其操作要领如下:①钻排孔时,尽量使相邻两孔相切;②由于采用小直径钻头,钻头排屑槽狭窄,排屑不流畅,应及时检查排屑。

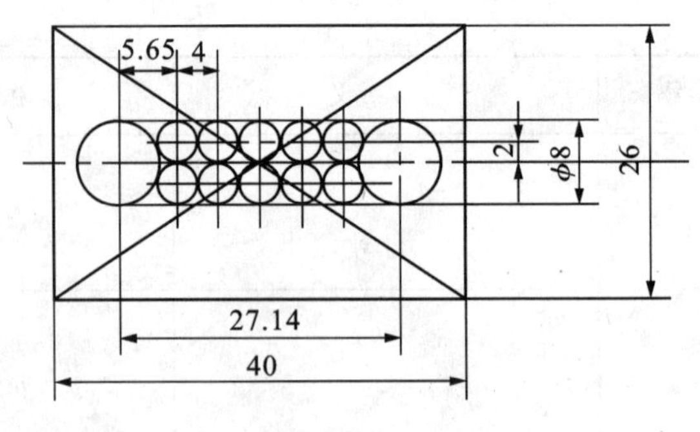

图 6-26 钻排孔

(2)錾削:錾削是利用手锤敲击錾子(见图 6-27)对工件进行切削加工的一种操作。

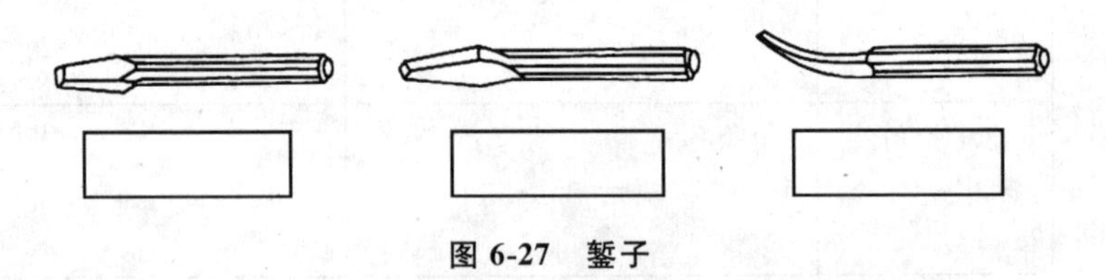

图 6-27 錾子

可以利用錾削的方法(见图 6-28)去除排孔(见图 6-29)中的部分,然后利用锉削的方法锉削达到尺寸的要求。

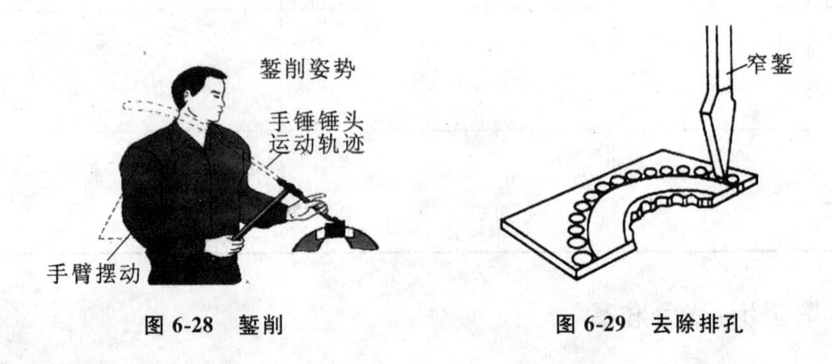

图 6-28 錾削

图 6-29 去除排孔

三、分析加工步骤

师生一起分析本零件的加工步骤。

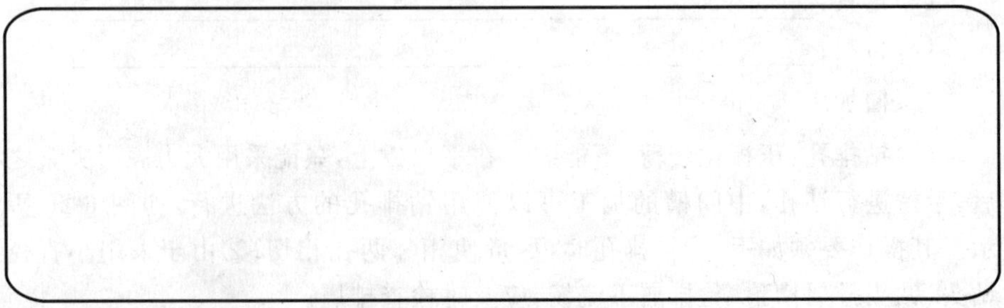

四、检测及评分

师生一起分析讨论，完成表 6-21 所示的检测评分表中检测内容、配分及评分标准的制订。

表 6-21　检测评分表

检测内容	配分	评 分 标 准	自我检测	教师检测
总　　分				
存在的主要问题				

第三步：我会操作

认真进行操作训练，加工零件，并用文字或图片的形式记录下自己的操作过程，填在表 6-22 中。

教师巡视，如发现问题，则针对问题及时进行个别辅导或者全班讲解、演示，进行更正。

表 6-22　操作过程

序号	工　　序	主要加工步骤（可以画图）	注 意 事 项

完成作品后，先对照评分表自我检测，然后上交作品，由教师检测，进行个别讲解，得出本次操作的最后得分。

续表

序号	工 序	主要加工步骤(可以画图)	注 意 事 项

第四步：我能总结

学生分组讨论，交流操作心得，并选部分同学在全班交流。

通过本次任务的实训操作和学习，自己最大的收获是：

第五步：我想知道

拓展知识：机械的润滑

1. 润滑的作用

润滑的作用主要是：

机械中的可动零、部件，在压力下接触而作相对运动时，其接触表面间就会产生摩擦，造成能量损耗和机械磨损，影响机械运动精度和使用寿命。因此，在机械设计中，考虑降低摩擦，减轻磨损，是非常重要的问题，其措施之一就是采用润滑。

2. 常用润滑剂

生产中常用的润滑剂包括润滑油、润滑脂、固体润滑剂、气体润滑剂及添加剂等几大类。

润滑油的特点是：流动性好，内摩擦因数小，冷却作用较好，可用于高速机械，更换润滑油时可不拆开机器。但它容易从箱体内流出，故常需采用结构比较复杂的密封装置，且需经常加油。常用润滑油主要分为矿物润滑油、合成润滑油和动植物润滑油三类。

润滑油的选用原则是：载荷大或变载、冲击载荷、加工粗糙或未经跑合的表面，选黏度较高的润滑油；转速高时，为减少润滑油内部的摩擦功耗，或采用循环润滑、芯捻润滑等场合，宜选用黏度低的润滑油；工作温度高时，宜选用黏度高的润滑油。

润滑脂习惯上称为黄油或干油，是一种稠化的润滑油。其油膜强度高，黏附性好，不易流失，密封简单，使用时间长，受温度的影响小，对载荷性质、运动速度的变化等有较大的适应范围，因此常应用在：不允许润滑油滴落或漏出引起污染的地方（如纺织机械、食品机械等），加、换油不方便的地方，不清洁而又不易密封的地方（润滑脂本身就是密封介质），特别低速、重载或间歇、摇摆运动的机械等。润滑脂的缺点是内摩擦大，起动阻力大，流动性和散热性差，更换、清洗时需停机拆开机器。

3. 常用润滑方式

常用的润滑方式主要有手工润滑、连续润滑等。

（1）手工定时润滑使用的常用油杯的结构如图 6-30 所示。

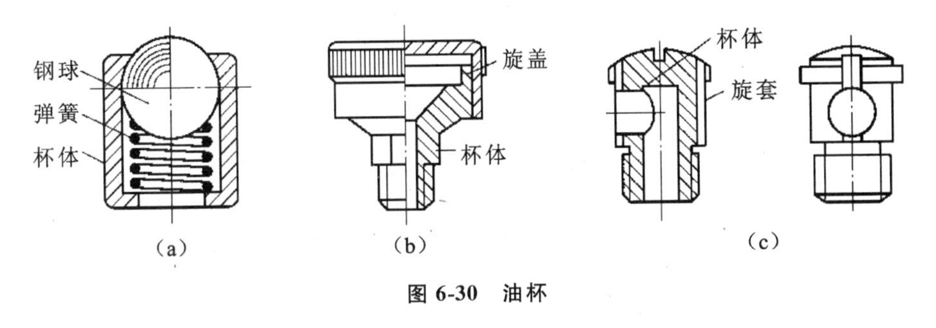

图 6-30　油杯

（2）连续润滑方式如图 6-31 所示。

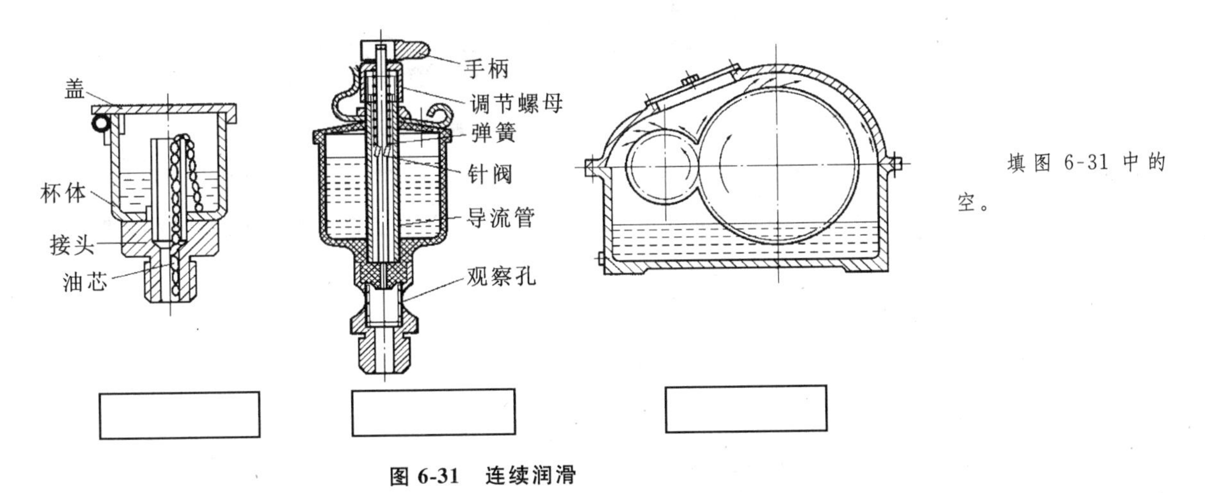

图 6-31　连续润滑

填图 6-31 中的空。

任务七　曲柄滑块机构的装配

任务目的

(1)学会根据需要在装配中进行合理的调整,以满足工件的运动要求。

(2)学会在装配中选用必需的标准件。

(3)了解常见的密封方法。

任务实施

第一步:我会看图

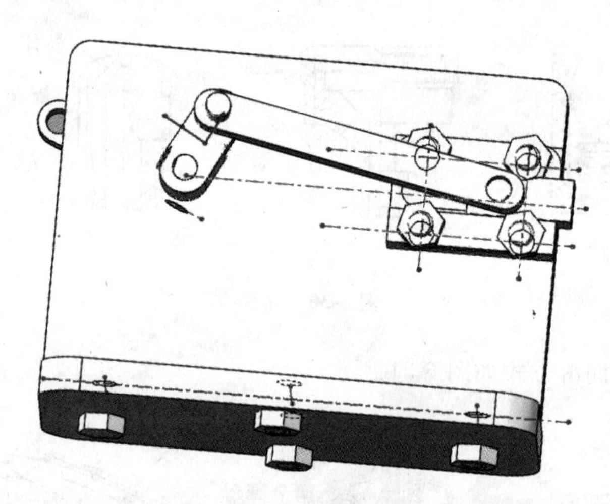

图 6-32　装配图

分析图 6-32 所示的装配图纸。

此装配图只表示了一部分装配内容,余下的部分需要同学们在装配的过程中根据需要自我调整。

已经装配好的部分有:

还需要自己调整的部分有:

第二步：我会准备

一、加工所需的工量具及材料

(1)工具：______________________________。

(2)量具：______________________________。

(3)材料：______________________________。

二、分析装配步骤

分小组分析曲柄滑块机构的装配步骤。

三、检测及评分

师生一起分析讨论，完成表 6-23 所示的检测评分表中检测内容、配分及评分标准的制订。

表 6-23　检测评分表

检测内容	配分	评分标准	自我检测	教师检测
总　　分				
存在的主要问题				

第三步：我会操作

认真进行操作训练，加工零件，并用文字或图片的形式记录下自己的操作过程，尤其是自己调整的部分内容，要清楚为什么要这样来调整，也可以用文字或图片的形式记下来，填在表 6-24 中。

教师巡视，如发现问题，则针对问题及时进行个别辅导或者全班讲解、演示，进行更正。

表 6-24 操作过程

序号	工 序	主要加工步骤(可以画图)	注 意 事 项

完成作品后，先对照评分表自我检测，然后上交作品，由教师检测，进行个别讲解，得出本次操作的最后得分。

第四步：我能总结

学生分组讨论，交流操作心得，并选部分同学在全班交流。

通过本次任务的实训操作和学习，自己最大的收获是：

第五步：我想知道

拓展知识：密封

机械装置需要密封，密封的主要作用是：

常见的密封类型如表 6-25 所示。

表 6-25　密封类型

密封类型	图例	适用场合	说明
接触式密封	毛毡圈密封	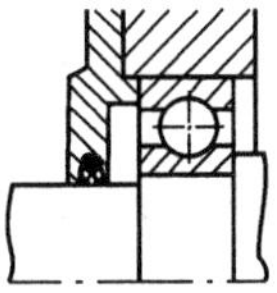 脂润滑。要求环境清洁，轴颈圆周速度不大于 4～5m/s，工作温度不大于 90℃	矩形断面的毛毡圈被安装在梯形槽内，它对轴产生一定的压力而起到密封作用
	皮碗密封	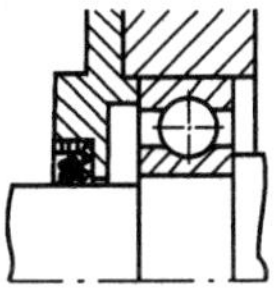 脂或油润滑。圆周速度<7m/s，工作温度不大于 100℃	皮碗是标准件。密封唇朝里，目的是防漏油；密封唇朝外，防灰尘、杂质进入
非接触式密封	油沟式密封	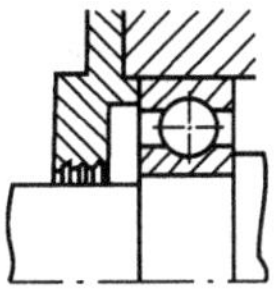 脂润滑。干燥清洁环境	靠轴与盖间的细小环形间隙密封，间隙愈小愈长，效果愈好，间隙 0.1～0.3mm
	迷宫式密封	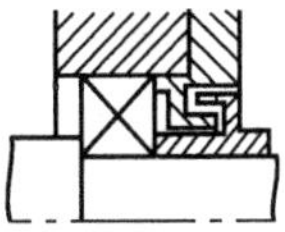 脂或油润滑。密封效果可靠	将旋转件与静止件之间间隙做成迷宫形式，在间隙中充填润滑油或润滑脂以加强密封效果
组合密封	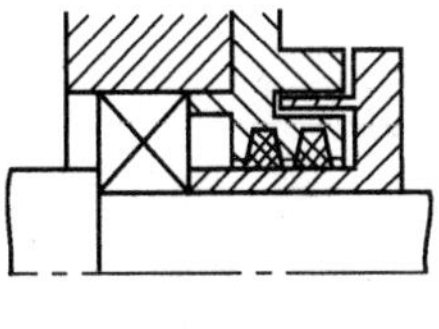	脂或油润滑	这是组合密封的一种形式，毛毡加迷宫，可充分发挥各自优点，提高密封效果。组合方式很多，不一一列举

项目七

自由制作

项目描述

通过前面的学习，学生对钳工制作已有了一定的了解，本项目让学生充分发挥自己的制作能力，完全按照自己的设计进行自由制作，使学生熟悉手工制作的过程。

学习目标

(1)能按照自己的创意设想进行设计，并完成简单的设计图纸。

(2)能按照手工制作的一般过程进行自我设计的加工制作。

(3)能自己设计检测方案并检测。

(4)培养学生的创新能力。

任务一 我的创意设计

任务目的

(1)能进行创意设计并说明设计意图。

(2)能绘制设计图。

任务实施

第一步:我会看图

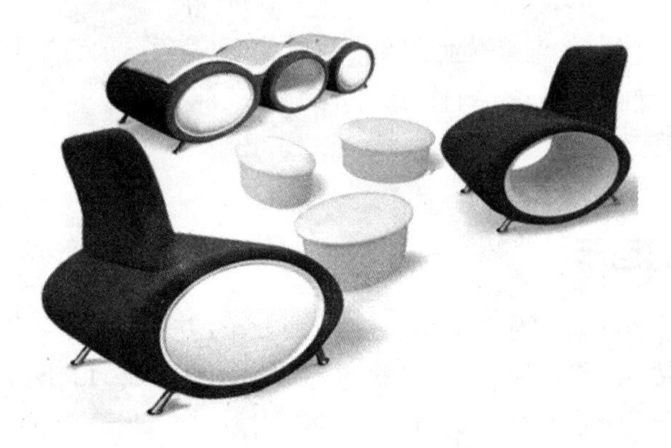

图 7-1 沙发

自己的设计是什么?

图 7-1 描绘的是沙发,这就是我们在实际生活中遇到的创意设计,本项目中我们将由自己大胆进行设计,可以简单到一个简单机构,也可以适度复杂,大家在完成本项目时可以以小组的形式开展合作。

第二步:我会准备

我们组设计制作的是:(可以用文字或者图画的形式在下框中表现出来)

我们组设计该制作的创意理由是：

我们组设计理由是什么？

第三步：我会操作

一、作设计图

为自己的创意设计制作简单的设计图。

二、作零件图

完成该创意设计制作的零件图具体为：(可以通过绘图软件或者手工制图将你即将加工的零件图展现出来，同时也可以检测你的设计是否成功)

第四步：我能总结

通过本次任务的实训操作和学习，自己最大的收获是：

学生分组讨论，交流心得，并选部分同学在全班交流。

第五步：我想知道

拓展知识：先进制造技术——激光制造技术

激光加工是将激光束照射到工件的表面，以激光的高能量来切除、熔化材料以及改变物体表面性能，如图 7-2 所示。

在图 7-2 中填入相应的激光加工类型。

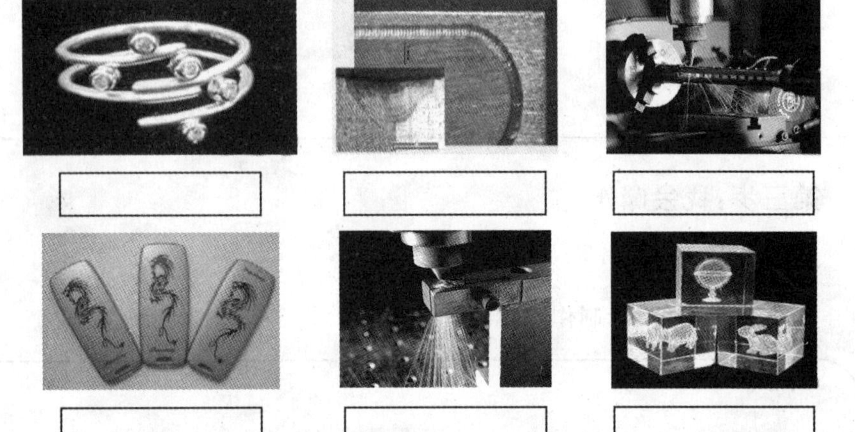

图 7-2 激光加工

由于激光加工是无接触式加工，具有其他加工技术所没有的优点：

(1)光点小，能量集中，热影响区小；

(2)不接触加工工件，对工件无污染；

(3)不受电磁干扰，与电子束加工相比应用更方便；

(4)激光束易于聚焦、导向，便于自动化控制。

激光加工大体可分为激光热加工和光化学加工。

激光热加工指当激光束照射到物体表面时，快速加热，热力把对象的特性改变或把物料熔解蒸发，包括激光焊接、激光切割、表面改性、激光打标等加工。

光化学加工指当激光束加于物体时，高密度能量光子引发或控制光化学反应的加工过程，包括光化学沉积、立体光刻、激光刻蚀等加工。

任务二 创意设计的手工制作

任务目的

(1)运用钳工加工的方法正确地进行创意制作。

(2)学会在加工中编制自己的加工工艺。

任务实施

第一步:我会看图

把自己设计的第一个零件图画在或粘贴在此处。

自己制作的第一个零件的尺寸和技术要求说明,见表 7-1 所示。

表 7-1　尺寸及含义

项目	代　号	含　　义	说　　明
尺寸公差			
几何公差			
表面粗糙度			

第二步：我会准备

一、加工所需工量具及材料

(1)工具：____。

(2)量具：____。

(3)材料：____。

二、本零件的加工步骤

分析自己所设计的加工步骤。

三、检测及评分

自己制订检测评分表，掌握具体检测内容如表 7-2 所示。

表 7-2 检测评分表

检测内容	配分	评分标准	自我检测	教师检测
总分				
存在的主要问题				

第三步：我会操作

认真进行操作训练，加工零件，并用文字或图片的形式记录下自己的操作过程，填在表7-3中。

教师巡视，如发现问题，则针对问题及时进行个别辅导或者全班讲解、演示，进行更正。

表7-3 操作过程

序号	工　序	主要加工步骤（可以画图）	注意事项

在完成作品后，先对照评分表自我检测，然后上交作品，由教师检测，进行个别讲解，得出本次操作的最后得分。

第四步：我能总结

通过本次任务的实训操作和学习，自己最大的收获是：

学生分组讨论，交流操作心得，并选部分同学在全班交流。

第五步：我想知道

拓展知识：先进制造技术-3D打印技术

3D打印技术是一种新的打印技术，也可以称为新型产品制造技术，可以直接打印出电脑设计的3D立体物品(见图7-3)。它的学术名称为快速成型技术、增材制造技术，是一种不再需要传统的刀具、夹具和机床就可以打造出任意形状，根据零件或物体的三维模型数据，通过成形设备以材料累加的方式制成实物模型的技术。

图7-3 3D打印物品

3D打印是把某个东西“切”成无数叠加的片，然后一片一片的打印、叠加到一起，成为一个立体物体。因此3D打印更像是一个产品制造机器，未来应用前景广泛。

任务三 创意设计的手工制作续页

任务目的

(1)运用钳工加工的方法进一步正确地进行创意制作。

(2)学会在加工中熟练编制自己的加工工艺。

任务实施

第一步：我会看图

自己制作的第二个零件的尺寸和技术要求说明，如表7-4所示。

表 7-4　尺寸及含义

项目	代　号	含　　义	说　　明
尺寸公差			
几何公差			
表面粗糙度			

第二步：我会准备

一、加工所需工、量具及材料

(1)工具：________________________________。

(2)量具：________________________________。

(3)材料：________________________________。

二、零件的加工步骤

分析自己所设计的零件的加工步骤。

三、检测及评分

自己制订检测评分表，掌握具体检测内容，如表 7-5 所示。

表 7-5 检测评分表

检测内容	配分	评 分 标 准	自我检测	教师检测
总 分				
存在的主要问题				

第三步：我会操作

认真进行操作训练，加工零件，并用文字或图片的形式记录下自己的操作过程，填在表 7-6 中。

教师巡视，如发现问题，则针对问题及时进行个别辅导或者全班讲解、演示，进行更正。

表 7-6 操作过程

序号	工 序	主要加工步骤（可以画图）	注 意 事 项

续表

序号	工　序	主要加工步骤(可以画图)	注意事项

依次完成设计的各个零件，并仿照上面的过程自己制表，附在本书的后面，作为有效补充。

第四步：我能总结

通过本次任务的实训操作和学习，自己最大的收获是：

学生分组讨论，交流操作心得，并选部分同学在全班交流。

第五步：我想知道

拓展知识：

（余下加工内容由学生仿照前述学习过程自我设计并完成后作为本课程的课程设计作业）

参考文献

[1] 杨士伟.机械基础与实训[M].北京:科学出版社,2009.
[2] 葛金印.机械制造技术基础[M].北京:高等教育出版社,2012.
[3] 娄海滨.机械常识与钳工实训[M].北京:清华大学出版社,2010.